Seit 1883 erscheinen

Mittheilungen aus den Königlichen technischen Versuchsanstalten
zu Berlin.

Herausgegeben im Auftrage der Königlichen Aufsichts-Kommission

Jährlich 6—8 Hefte. — Preis für den Jahrgang M. 12,—.

Von den im Anschluß an die „Mittheilungen" zur Ausgabe gelangenden

☞ Ergänzungsheften ☜

sind erschienen:

1887.

Heft I. **Die Festigkeitseigenschaften des Magnesiums** von A. Martens. Mit 3 Tafeln. Preis M. 4,—.

Heft II. **Untersuchungen über die Festigkeitseigenschaften und Leitungsfähigkeit an deutschem und schwedischem Drahtmateriale.** Im Auftrage des Herrn Ministers für Handel und Gewerbe von A. Martens. Preis M. 2,—.

Heft III. 1. **Mikroskopische Untersuchung des Papiers** von W. Herzberg. Mit 2 Lichtdrucktafeln. — 2. **Ergebnisse der Prüfungen von Apparaten zur Untersuchung der Festigkeitseigenschaften von Papier** von A. Martens. Mit 1 lithographirten Tafel. Preis M. 5,—.

Heft IV. **Ueber Druckpapiere der Gegenwart** von A. Martens. Preis M. 1,—.

1888.

Heft I. **Ergänzungen zu den im 2. Ergänzungshefte 1887 veröffentlichten Untersuchungen über Festigkeitseigenschaften und Leitungsfähigkeit an deutschem und schwedischem Drahtmateriale.** Im Auftrage des Herrn Ministers für Handel und Gewerbe: 1) **Bestimmung des elektrischen Leitungswiderstandes von Metalldrähten.** Von A. Paalzow, Königl. Professor an der technischen Hochschule zu Berlin. Mit 1 lithographirten Tafel. — 2) **Zusammenhang zwischen der chemischen Zusammensetzung und dem Kleingefüge einerseits und der Leitungsgüte des Telegraphendrahtes andrerseits.** Unter Benutzung amtlicher Materialien von Dr. H. Wedding, Königl. Geheimen Bergrath zu Berlin. Mit 7 Lichtdrucktafeln. Preis M. 6,—.

Heft II. **Bericht über die Ergebnisse von Festigkeitsversuchen mit gelötheten Drahtseilen und Drähten.** Von A. Martens. Im Auftrage des Herrn Ministers der öffentlichen Arbeiten. Mit 2 lithographirten Tafeln. Preis M. 8,—.

Heft III. **Schmierölunteruchungen** ausgeführt im Auftrage des Herrn Ministers für Handel und Gewerbe von A. Martens. Mit 4 lithogr. Tafeln. Preis M. 6,—.

Heft IV. **Untersuchung japanischer Papiere** im Auftrage des Herrn Ministers für Handel und Gewerbe von A. Martens. Mit 3 Tafeln in Lichtdruck. Preis M. 5,—.

Heft V. **Bericht über die im Auftrage des Herrn Ministers für Handel und Gewerbe ausgeführten vergleichenden Untersuchungen von Seilverbindungen für Fahrstuhlbetrieb.** Theil I. Ergebniß der Untersuchungen für ruhende Belastung. Erstattet von A. Martens. Preis M. 2,60.

Fortsetzung auf der dritten Umschlagseite.

ISBN 978-3-662-31780-8   ISBN 978-3-662-32606-0 (eBook)
DOI 10.1007/978-3-662-32606-0
Softcover reprint of the hardcover 1st edition 1890

Mittheilungen
aus den

Königlichen technischen Versuchsanstalten
zu Berlin.

Herausgegeben im Auftrage der Königlichen Aufsichts-Kommission.

Ergänzungsheft I.   **1890.**

Bericht über die Ergebnisse von Untersuchungen über die Beizbrüchigkeit des Eisens.

Von Professor A. Ledebur.

Vorbemerkungen.

Der Zweck der Versuche war, die von dem Antragsteller sowie von anderen Forschern — inzwischen auch von Bädecker[1]), — beobachtete Eigenschaft des Eisens, beim Beizen mit schwachen Säuren sowie beim Rosten unter dem Einflusse der Atmosphärilien brüchig zu werden, einer umfassenderen Prüfung zu unterziehen. Aus den Ergebnissen hoffte man Schlußfolgerungen machen zu können, inwieweit in der Praxis die häufig vorkommende Arbeit des Beizens sowie der Vorgang der Rostbildung eine Gefahr für die Haltbarkeit der Eisentheile in sich schließt.

Da bisher Versuche nur mit Stücken von sehr dünnen Querschnitten — meistens Drähten — angestellt worden waren, mußte es vor Allem wünschenswerth erscheinen, auch Proben mit dickeren Querschnitten — Walzeisenträger, Eisenbahnschienen und dergleichen mehr — den Versuchen zu unterziehen.

Nachdem man aber bei den früheren Versuchen die Beobachtung gemacht hatte, daß durch die Berührung des Eisens mit metallischem Zink — wobei das Eisen elektronegativ wird — zwar der unmittelbare Angriff der Säure von dem Eisen abgelenkt, dieses aber trotzdem in verstärktem Maße brüchig wird, lag die Frage nahe, ob etwa auch verzinktes Eisen beim Rosten leichter als unverzinktes an Haltbarkeit einbüße.

Endlich erschien es nothwendig, die schon früher beobachtete Erscheinung, daß die durch Beizen brüchig gewordenen Eisentheile bei längerem Lagern im Trocknen ihre ursprünglichen Festigkeitseigenschaften wieder erhalten, einer erneuten Prüfung zu unterziehen.

Solcherart ergab sich folgende Reihenfolge von Versuchen:

    I. Im Anlieferungszustande („roh") geprüft.
   II. Im Freien zum Zwecke einer Rostbildung aufbewahrt und dann geprüft.
  III. Verzinkt und ohne Weiteres geprüft.
  IV. Verzinkt und im Freien aufbewahrt.
   V. Unmittelbar vor dem Versuche gebeizt.
  VI. Gebeizt und trocken aufbewahrt.

---

[1]) Zeitschrift des Vereins deutscher Ingenieure 1888 Seite 186.

Anmerkung. Die an den Fuß einiger Seiten geschriebenen Bemerkungen (gez. A. M.) sind von dem Vorsteher der mechanisch-technischen Versuchsanstalt, Herrn A. Martens, hinzugefügt.

Damit die Festigkeitseigenschaften der Versuchsstücke nicht etwa durch zufällige Einwirkung der Atmosphärilien Veränderung erleiden könnten, wurden sie sämmtlich von den Eisenwerken in den von der Königlichen Versuchsanstalt vorgeschriebenen Abmessungen frisch gefertigt und, ohne im Freien gelagert worden zu sein, zur Ablieferung gebracht.

Da die früheren Versuche erwiesen hatten, daß auch eine sehr verdünnte Säure im Stande ist, Beizsprödigkeit hervorzurufen, wählte man für die Beizversuche eine Säure mit dem Verdünnungsgrade 1:100, theils um den Säureverbrauch nicht unnöthig zu erhöhen, hauptsächlich auch, weil man annehmen durfte, daß eine eigentliche Beschädigung der Versuchsstücke eher durch Anwendung ganz schwacher als stärkerer Säure zu verhüten sein werde. Um diese Beschädigung desto sicherer auszuschließen, wurde jedes der Versuchsstücke vor dem Einlegen in die Säure an dem einen Ende mit Zink umgossen. Der Erfolg dieser Maßregel war insofern vollkommen, als, wie sich besonders bei den abgeschmirgelten Versuchsstücken wahrnehmen ließ, das Eisen nach dem Beizen nicht im Mindesten durch die Säure angefressen worden war. Bei den mit Glühspan bedeckten Stücken (Träger, Schienen) war dagegen durch die mechanische Wirkung des an der Oberfläche sich entwickelnden Wasserstoffgases der Glühspan abgeblättert, und die Versuchsstücke kamen mit metallisch reiner Oberfläche aus dem Bade heraus.

Eine Zeitdauer des Beizens von 17 Stunden, welche dem Geschäftsgang in der Königlichen Versuchsanstalt am bequemsten sich anpaßte, hielt man für ausreichend, nachdem bei einzelnen früheren Versuchen schon in kürzerer Zeit Beizsprödigkeit entstanden war.

Im Verlaufe der Versuche zeigte sich nun allerdings immer deutlicher, daß mit den Querschnittsabmessungen der Versuchsstücke auch der Stärkegrad der Säure oder die Zeitdauer der Einwirkung zunehmen muß, wenn gleich deutliche Wirkungen als bei schwächeren Versuchsstücken hervorgebracht werden sollen[1]). Um eine Bestätigung für diese Beobachtung zu erhalten, wurden zuletzt noch einige Biege- und Schlagversuche ausgeführt, bei welchem stärkere Säure (1:50) zur Anwendung kam und die Zeitdauer der Einwirkung auf 41 Stunden erhöht wurde.

Eine gleiche Erscheinung zeigte sich beim Rosten. Trotz der zweimonatlichen Einwirkung der Atmosphärilien ist eine Veränderung der Festigkeitseigenschaften nur bei einzelnen der Versuchsstücke deutlich wahrzunehmen. Eine länger ausgedehnte Einwirkung aber würde die Gefahr einer theilweisen Materialzerstörung nahe gelegt haben, wodurch man leicht zu Trugschlüssen hätte verleitet werden können.

Die Ergebnisse der Einzelversuche sind in der angeschlossenen, von dem Vorstande der Königlichen Versuchsanstalt ausgefertigten Zusammenstellung enthalten. Die Schlußfolgerungen, welche sich aus diesen Ergebnissen ziehen lassen, dürften im Wesentlichen folgende sein.

---

[1]) Die erheblichen Unterschiede in der chemischen Zusammensetzung des Materiales beider Versuchsreihen (s. Analysen S. 12 und 28) dürften nicht zulassen, daß man den bei der zweiten Reihe zu Tage tretenden erhöhten Einfluß des Beizens allein der längeren Einwirkung und dem Stärkegrade der Säure zuschreibt. Vergl. auch S. 8 u. 9 dieses Berichtes.   A. M.

Ein Vergleich mit den früher erlangten Ergebnissen zeigt sehr deutlich den Einfluß der Querschnittsgröße, Stärke der Säure und Zeitdauer; und der Unterschied in der chemischen Zusammensetzung, zumal der hohe Siliciumgehalt des Döhlener Stahls, spricht eher für als gegen die angeführte Beobachtung.   A. L.

Biegeversuche mit Trägern aus Schweißeisen.

(Tab. 1 der Zusammenstellung).

Die Träger besaßen eine mittlere Höhe von 237 mm, Breite der Flanschen von 87 mm, Stegdicke von 9 mm, Entfernung der beiden Stützpunkte beim Biegen 1,5 m.

Die Ziffern der elastischen Eigenschaften — Durchbiegung und Proportionalitätsgrenze — der einzelnen Versuchsreihen lassen keine solchen Unterschiede wahrnehmen, daß auf eine Veränderung des Materials durch das Beizen, Rosten oder Verzinken geschlossen werden könnte. Die bei bestimmter Belastung eintretenden Durchbiegungen sind, wenn man die Mittelwerthe vergleicht, fast die gleichen; die Unterschiede in der Proportionalitätsgrenze sind vollständig unregelmäßig.

Deutliche Unterschiede dagegen lassen die Ziffern der erreichten höchsten Belastungen erkennen. Vergleicht man die Mittelwerthe der Versuchsreihen, so zeigt sich, daß die im rohen Zustande geprüften Träger die höchste, die gebeizten und unmittelbar geprüften Träger die geringste Belastung ertrugen. Auch ein Vergleich der Versuchsergebnisse im Einzelnen läßt erkennen, daß keines der gebeizten Versuchsstücke die Tragfähigkeit des aus demselben Träger entnommenen ungebeizten Versuchsstückes erreichte. Durch das Rosten ist ebenfalls eine Abminderung der Tragfähigkeit herbeigeführt worden, welche deutlicher bei den verzinkten als bei den unverzinkten Stücken hervortritt. Wenn im Gegensatze zu den früheren Beobachtungen auch die gebeizten und längere Zeit gelagerten Träger erheblich weniger tragfähig sich erwiesen, als die ungebeizten, so läßt sich eine Erklärung dafür vielleicht in dem Umstande finden, daß (wie auch auf Seite 4 der von der Königlichen Versuchsanstalt eingereichten Zusammenstellung bemerkt ist) die gebeizten Träger nicht völlig trocken lagen, sondern etwas feucht geworden waren. Durch das vorausgegangene Beizen ihres Glühspans beraubt, werden sie hierbei allen Einflüssen des Rostens weit zugänglicher gewesen sein als im rohen Zustande.

Einigermaßen beeinträchtigt wird die Sicherheit der Schlußfolgerungen durch den Umstand, daß bei verschiedenen der geprüften Träger die Ziffern der höchsten Belastung nicht durch den wirklich eingetretenen Bruch oder die rasch und unausgesetzt fortschreitende Verbiegung in der Ebene des Steges, welche die Anwendung einer höheren Belastung unmöglich machte, sondern durch seitliche Verbiegungen des Steges oder der Flanschen bedingt wurden. Ein Vergleich der höchsten Belastungen, welche die aus demselben Träger entnommenen und sämmtlich bis zum wirklichen Bruche belasteten Versuchsstücke Nr. 13, 14, 16, 17 und 18 ertrugen, zeigt jedoch ebenfalls eine starke Abminderung der Tragfähigkeit durch das Beizen, eine deutliche durch das Rosten, zumal im verzinkten Zustande. Diese Einzelziffern stehen durchaus im Einklange mit den besprochenen Mittelwerthen aus je drei Versuchen.

Biegeversuche mit Schienen aus Flußeisen.

(Tab. 2 der Zusammenstellung.)

Die Schienen waren nach dem Staatsbahnprofile gewalzt. Eine von dem Berichterstatter ausgeführte chemische Untersuchung ergab:

Kohlenstoff . . . . 0,25 %
Silicium . . . . . 0,21 „
Mangan . . . . . 0,47 „

Phosphor . . . . . 0,10 %
Schwefel . . . . . 0,06 „
Kupfer . . . . . 0,08 „

Entfernung der beiden Stützpunkte beim Biegen 1 m. Wirklicher Bruch fand bei keiner der geprüften Schienen statt.

Die erlangten Ergebnisse sind insofern überraschend, als hier, wenn man die Mittelwerthe aus den in jeder Versuchsreihe angestellten Versuchen als maßgebend annimmt, ein Einfluß des Beizens, Rostens oder Verzinkens auf die Tragfähigkeit oder die elastischen Eigenschaften durchaus nicht bemerkbar ist. Die durchschnittliche Tragfähigkeit der gebeizten Schienen ist genau die nämliche wie die der ungebeizten, und die höchste Tragfähigkeit besitzen die gerosteten Schienen, sowohl die unverzinkten als die verzinkten.

Die Frage, ob die chemische Zusammensetzung der Schienen hierbei eine Rolle spielte oder ob Flußeisen überhaupt den in Rede stehenden Einflüssen schwieriger als Schweißeisen zugänglich sei, läßt sich in Ermangelung ausreichender früherer Erfahrungen vorläufig nicht beantworten. Erwähnt möge jedoch werden, daß die gebeizten Schweißeisenträger ohne Ausnahme, obgleich sie nach dem Beizen mehrere Stunden in Kalkwasser gelegen hatten und also freie Säure nicht mehr enthalten konnten, noch stundenlang einen auf mehrere Schritte wahrnehmbaren, offenbar von einer entweichenden Gasart herrührenden Geruch entwickelten, die Flußeisenschienen dagegen vollständig frei von diesem Geruche waren. Eine Prüfung der Luftschicht, welche die Träger umgab, auf Ammoniak ergab keinen Erfolg; vermuthlich war es eine Kohlenwasserstoffverbindung, welche hier entwich. Die Beobachtung deutet wenigstens darauf hin, daß bei der Einwirkung der Säure auf das Schweißeisen chemische Vorgänge stattfinden, welchen das Flußeisen widerstand.

Eine andere Ursache des unerwarteten Nichterfolges dieser Versuche dürfte in der gedrungeneren Form des Schienenquerschnitts im Vergleiche zu dem der I träger zu suchen sein. In dem Kopfe der Schiene, welcher bei den Biegungsversuchen auf Druckfestigkeit in Anspruch genommen wurde, findet sich eine starke Materialanhäufung; es würde deshalb einer noch längere Zeit fortgesetzten Einwirkung der Säure oder der Atmosphärilien bedurft haben, um einen wahrnehmbaren Erfolg hervorzubringen. Erst im Verlaufe der ferneren Versuche wurde diese Thatsache deutlicher erkennbar; und es war dann nicht mehr möglich, die Versuche mit Eisenbahnschienen zu wiederholen.

Zugversuche mit Rundstäben aus Schweiß- und Flußeisen.
(Tab. 3 und 4 der Zusammenstellung.)

Weder die Tragfähigkeit noch die elastischen Eigenschaften sind durch die verschiedenen Behandlungsweisen wesentlich verändert. Da dieses Ergebniß durchaus in Uebereinstimmung mit den früher gemachten Beobachtungen steht, ist auch nicht anzunehmen, daß es bei länger fortgesetzter Einwirkung oder bei Anwendung stärkerer Beizmittel eine Aenderung erfahren haben würde.

Zug- und Biegeversuche mit Eisen- und Stahldrähten.
(Tab. 5 und 6 der Zusammenstellung.)

Die Zugfestigkeit, Streckgrenze und Dehnung der Drähte erweisen sich durch Beizen ebensowenig beeinflußt wie bei den Prüfungen der Rundstäbe; auffällig kann vielleicht die Abminderung sowohl der Tragfähigkeit als der Bruchdehnung beider Drahtgattungen durch das Rosten im unverzinkten Zustande erscheinen. Die Erklärung für die Abminderung der Tragfähigkeit wird in dem Umstande zu suchen sein, daß bei dem verhältnißmäßig kleinen Querschnitte der Drähte schon die schwache Materialzerstörung eine Rolle spielt, welche das Rosten mit sich bringt; ob dadurch aber auch die Verringerung der Bruchdehnung zu erklären ist, oder ob diese lediglich auf Zufälligkeiten beruht, möge dahin gestellt bleiben. Beide Einflüsse wurden auch bei den früheren Versuchen beobachtet.

Durch die beim Verzinken der Drähte unvermeidliche Erhitzung ist die Tragfähigkeit der verzinkten Drähte verringert, die Bruchdehnung erheblich gesteigert.

Die Biegungsfähigkeit der Drähte (Tab. 6.) ist durch die verschiedenen Behandlungsweisen deutlich abgemindert worden. Am stärksten tritt dieser Einfluß beim Beizen hervor; aber die gebeizten Drähte haben nach mehrwöchentlichem Liegen ihre frühere Biegungsfähigkeit fast vollständig wieder erlangt. Nicht nur die Mittelwerthe aus den mit gleichem Material angestellten Versuchen, sondern auch fast sämmtliche einzelne Ziffern lassen diese Ergebnisse, durch welche die früheren Versuche vollständige Bestätigung erhalten, deutlich erkennen. Wenn das Maß der in dem vorliegenden Falle bemerkbaren Abminderung der Biegungsfähigkeit nicht ganz so bedeutend ist wie bei vielen der früheren Versuche, so läßt sich der Grund dafür auch nur in der Benutzung schwächerer Säure, beziehentlich in der kürzeren Zeitdauer der Einwirkung suchen[1]).

Bei den früheren Versuchen führte zwar selbst die Anwendung von Säure mit dem Verdünnungsgrade 1:200, also halb so stark wie dieses Mal, eine Abminderung der Biegungsfähigkeit im Verhältnisse 11,4:3 (Durchschnittsziffern) herbei, aber die Zeitdauer der Einwirkung betrug damals 96 Stunden; und wenn man in anderen Fällen schon nach Einwirkung von wenigen Stunden (bei Hughes' und auch bei Bädecker's Versuchen weniger als einer Stunde) Beizsprödigkeit wahrnahm, so war regelmäßig für diese Versuche stärkere Säure verwendet worden.

Druckversuche mit Schweiß- und Flußeisen.

(Tab. 7—10 der Zusammenstellung).

Den deutlichsten Ueberblick über die Ergebnisse dieser Versuche wird man durch Betrachtung der in Fig. 1 enthaltenen Aufzeichnung der bei bestimmten Belastungen eingetretenen Höhenverminderung gewinnen. Die Aufzeichnung bezieht sich auf die Versuche mit 30 mm hohen Versuchsstücken.

Die Linien derselben Eisengattung laufen ziemlich genau parallel; es folgt hieraus, daß wenigstens keine erheblichen Aenderungen des Verhaltens durch Beizen, Rosten, oder Verzinken herbeigeführt worden sind. Bei genauerer Betrachtung läßt sich jedoch wahrnehmen, daß die Linien der rohen, trocken aufbewahrten Proben sowohl beim Schweiß- als Flußeisen etwas weniger steil als alle übrigen abfallen; das heißt also, die Widerstandsfähigkeit der gerosteten, gebeizten und verzinkten Eisenproben gegen

---

[1]) Auch hier dürfen wohl die eventuell vorhandenen Unterschiede in der chemischen Zusammensetzung des Probenmateriales nicht unberücksichtigt bleiben. A. M.

Die etwaigen kleinen Unterschiede in der chemischen Zusammensetzung können hier nicht in Betracht kommen, da die von mir gemachte Bemerkung sich nicht auf den Vergleich zweier Einzelversuche, sondern zweier Gruppen von Versuchen mit zahlreichen einzelnen Drähten bezieht. A. L.

Druckkräfte ist geringer als die der frischen Proben. Der Unterschied ist indeß so gering, daß man im Zweifel sein kann, ob man wohl berechtigt sei, diese Beobachtung als Gesetz hinzustellen.

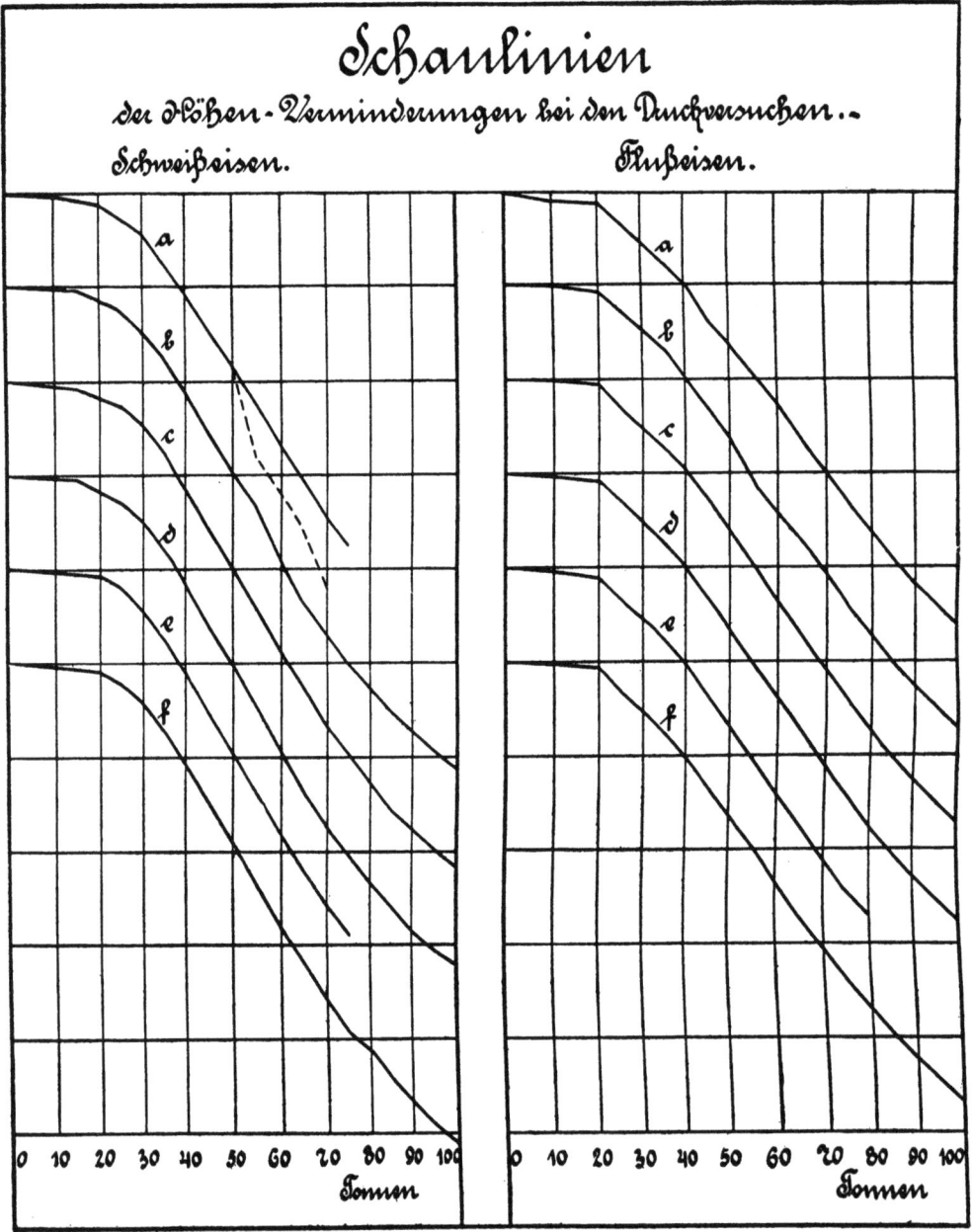

Es muß hier erwähnt werden, daß wegen des offenbar regelwidrigen Verhaltens der Schweißeisenprobe I 1 nur die Mittelwerthe der Versuche I 7 und I 13 für die Verzeichnung der betreffenden Schaulinie herangezogen wurden; wollte man die Mittel= werthe aus allen drei Versuchen benutzen, so würde die punktirt gezeichnete Linie sich ergeben.

Bei den 50 mm hohen Probestücken ist ein genauer Vergleich der Höhenverminderung durch die häufige vorzeitige Unterbrechung[1]) der Versuche unmöglich gemacht.

Die Mittelwerthe für die Spannungen an der Streckgrenze zeigen bei den verschiedenen Versuchsreihen ziemlich große Unregelmäßigkeiten. Bei den Schweißeisenproben von 30 mm Höhe liegt die Streckgrenze der roh geprüften Stücke erheblich niedriger als diejenige der gebeizten, verzinkten und verzinkt gerosteten, bei den Proben von 50 mm Höhe dagegen liegt sie höher; gleiche Widersprüche lassen sich bei einem Vergleiche des Verhaltens der Schweißeisenproben mit dem der Flußeisenproben und dieser unter einander wahrnehmen.[2])

Auch ein Vergleich der Werthe für Elastizitätsmodul und Proportionalitätsgrenze (Tab. 9 und 10 der Zusammenstellung) läßt durchaus nicht mit irgend welcher Deutlichkeit einen Einfluß des Beizens u. s. w. auf diese Eigenschaften erkennen.

Eine Benutzung der bei diesen Versuchen erzielten höchsten Belastungen als Maßstab der Tragfähigkeit der Probekörper würde zu irrigen Schlußfolgerungen führen können,[3]) da die Belastung überhaupt nicht über 100 t hinaus gesteigert werden konnte und da vielfach lediglich Zufälligkeiten — Schiefwerden der Probekörper, Bersten der Schweißnähte — eine frühere Beendigung des Versuchs bedingten.

Die erzielten Ergebnisse der Druckversuche sind deshalb leider nicht im Stande, vollständig sicheren Aufschluß über das bezügliche Verhalten des Eisens beim Beizen, Rosten und Verzinken zu geben, wenn auch, wie erwähnt, einige Wahrscheinlichkeit für eine Verminderung der Druckfestigkeit durch Beizen, Rosten und Verzinken vorliegt.

Stauchversuche mit Schweiß= und Flußeisen.

(Tab. 11 und 12 der Zusammenstellung.)

Diese Versuche wurden durch Schläge eines Fallbärs von 56,7 kg Gewicht aus 1 m Höhe auf die Stirnfläche des senkrecht stehenden Versuchsstückes ausgeführt. Da die Versuchsstücke mehr oder minder zeitig durch sogenannte „Prellschläge" für fernere genauere Ermittelungen unbenutzbar wurden, lassen sich lediglich die Ziffern, welche die

---

[1]) Die hier in Rede stehende Unterbrechung der Versuche war erforderlich, da die Proben, ohne zum Bruch zu kommen, unter dem Druck schief wurden und somit keiner reinen Druckbeanspruchung mehr unterworfen waren. Auch ist zu bemerken, daß diese Form der Proben von 50 mm Höhe lediglich zur Bestimmung der elastischen Eigenschaften angewendet wurde, da ein Schiefwerden derselben ihrer großen Höhe wegen im Voraus erwartet wurde.   A. M.

[2]) Die besagten Unterschiede in den Ergebnissen beider Versuchsreihen sind theils auf die angewendeten verschiedenen Meßverfahren, theils auf die abweichenden geometrischen Formen der Probestücke zurückzuführen. Bei den 30 mm hohen Proben wurde die Streckgrenze nach dem Abfallen des Wagehebels, und bei den 50 mm hohen Proben nach den Angaben der Feinmeßapparate bestimmt; die letztere Methode giebt im Allgemeinen sicherere Werthe. Es dürfte nicht zulässig sein, aus Mittelwerthen Schlüsse zu ziehen, wenn diese Werthe so geringe Abweichungen von einander zeigen, wie im vorliegenden Falle und wenn zugleich die drei Einzelwerthe, aus denen das Mittel gebildet ist, so starke Schwankungen zeigen, wie Tab. 9 die Proben der Reihe III und der Reihe V. In solchen Fällen ist es durchaus nothwendig, daß die Versuchsreihen zur sicheren Mittelbildung vergrößert werden.

[3]) Bei Druckversuchen mit nicht spröden Körpern sollte man niemals die Bruchbelastung zur Beurtheilung des Materiales oder des Einflusses einer besonderen Behandlungsweise benutzen, weil ein Bruch in der Regel nur dann herbeigeführt wird, wenn Materialfehler Veranlassung zu Spaltungen geben. Nur wenn die Rißbildung regelrecht nach den Flächen größter Schubspannungen erfolgt, kann man, streng genommen, die Bruchbelastung zur Materialbeurtheilung heranziehen.

Höhenverminderung vor dem ersten Prellschlage angaben, zum Vergleiche heranziehen. Ziffern, welche durch Fortsetzung der Versuche nach dem ersten Prellschlage erhalten wurden, sind in der Zusammenstellung durch Einklammerung bezeichnet.

Es lassen sich auch bei diesen Versuchen Unterschiede in dem Verhalten der verschieden behandelten Eisenproben mit voller Deutlichkeit nicht erkennen. Beim Schweißeisen zeigen sich allerdings, wenn man die Durchschnittsziffern der verschiedenen Versuchsreihen vergleicht, daß die Höhenverminderung, welche die gebeizten und sofort geprüften Versuchsstücke bei bestimmter Schlagzahl erlitten, durchweg um etwa 10 % beträchtlicher ist als die der ungebeizten, während nach dem Lagern der gebeizten Proben die Höhenverminderung annähernd auf das frühere Maß zurückkehrt; auch die roh gerosteten Stücke erlitten eine stärkere Höhenverminderung als die ungerosteten. Wenn diese Regelmäßigkeit den Schluß nahe legt, daß — in Uebereinstimmung mit den Ergebnissen der Druckversuche — durch das Beizen und Rosten die Widerstandsfähigkeit des Eisens Einbuße erlitten habe, so läßt sich doch bei den Flußeisenproben ein gleicher Einfluß nicht unmittelbar wahrnehmen. Die Höhenverminderung der im rohen Zustande geprüften Stücke ist hier ziemlich genau derjenigen der gebeizten gleich.

Leider ist die Anzahl der Schläge, welche die Versuchsstücke vor dem Eintreten eines Prellschlages erlitten, gerade bei den im rohen Zustande geprüften verhältnißmäßig gering, wodurch die Vergleichung erschwert wird. Ein deutlicherer Unterschied zeigt sich, wenn man das Verhalten der frisch gebeizten Flußeisenproben mit dem der nach dem Beizen gelagerten, gerosteten, verzinkten und verzinkt gerosteten vergleicht; erstere zeigen durchweg die stärkste Höhenverminderung, verhalten sich also genau ebenso wie die Schweißeisenproben, sofern man die roh geprüften Stücke außer Betracht läßt. Das abweichende Verhalten der letzteren macht leider sichere Schlußfolgerungen unmöglich.

Biegeversuche und Schlagbiegeversuche mit Flußeisenstäben.

Das Beizen dieser Stäbe wurde mit Säure von dem Verdünnungsgrade 1:50 bewirkt und die Zeitdauer des Beizens dabei auf 41 Stunden ausgedehnt.

Die chemische Untersuchung des Materials ergab:

Kohlenstoff . . . . 0,51 %
Silicium . . . . 0,75 „
Mangan . . . . 1,42 „
Phosphor . . . . 0,09 „
Schwefel . . . . 0,094 „
Kupfer . . . . nicht best.

Der Stahl war also ungewöhnlich reich an Silicium und Mangan.

Die elastischen Eigenschaften beim Biegen durch ruhigen Druck lassen nicht mit Deutlichkeit einen Einfluß des Beizens erkennen.

Beim Biegen durch Schläge ist die eintretende Einbiegung des gebeizten Stahls vom vierten Schlage an in allen Fällen bedeutender als die des ungebeizten.[1]) Dieses Ergebniß steht im Einklange mit den bei den Druck- und Stauchversuchen gemachten und oben besprochenen Beobachtungen.

Die Bruchfestigkeit sowohl gegenüber der Einwirkung einer ruhigen Belastung als

---

[1]) Die Differenzen sind so gering, daß die Durchbiegungen meines Erachtens als durchweg gleichwerthig anzusehen sind. A. M.

der Einwirkung von Schlägen ist durch das Beizen deutlich abgemindert worden. Dennoch ist die Abminderung bei Weitem nicht so erheblich wie sie bei ähnlichen früheren Versuchen gefunden wurde, wo beispielsweise die durchschnittliche Bruchspannung von 169,5 kg durch das Beizen auf 102,5 kg vermindert worden war. Zum großen Theile wird auch hier in den dickeren Querschnittsabmessungen der jetzt geprüften Stäbe (die früheren besaßen nur 22 mm Stärke) die Erklärung dafür zu suchen sein;[1]) erinnert man sich indeß, daß siliciumhaltiges Gußeisen, wie früher erwiesen worden ist, der Beizbrüchigkeit nur sehr wenig zugänglich ist (dasselbe ließ erst nach neuntägigem Beizen in starker Säure Beizbrüchigkeit erkennen), so liegt es nahe, auch die besondere chemische Zusammensetzung des geprüften Stahls, insbesondere seinen ausnahmsweise hohen Siliciumgehalt, wenigstens zum Theile als die Ursache seines besonderen Verhaltens zu betrachten. Ob auch der Mangangehalt des Eisens und Stahls hierbei eine Rolle zu spielen vermag, muß vorläufig unentschieden bleiben; die zu den früheren Versuchen benutzten Gußeisenstäbe enthielten, soviel sich nachträglich ermitteln ließ, nur einige Zehntel Hunderttheile Mangan.

Schlußbemerkungen.

Durch die angestellten Versuche hat die früher gemachte Beobachtung Bestätigung gefunden, daß durch das Beizen des Eisens mit Säuren, wobei eine Wasserstoffgasentwicklung stattfindet, die Biegungsfestigkeit sich verringern kann, während die Zugfestigkeit keine merkliche Einbuße erleidet. Wenn aber die Biegungsfestigkeit abnimmt, ohne daß die Zugfestigkeit sich verändert, so läßt nach den Gesetzen der Festigkeitslehre sich folgern, daß die Druckfestigkeit vermindert worden sei. Die meisten Ergebnisse der durch Druck und Stauchung angestellten Versuche deuten in der That darauf hin, daß eine derartige Einwirkung stattgefunden habe.

Aehnliche, aber weit schwächere Wirkungen können durch Rosten hervorgerufen werden. Bei verschiedenen der angestellten Versuche ist ein Einfluß des Rostens auf die Festigkeitseigenschaften überhaupt nicht bemerkbar gewesen. Ebensowenig hat sich mit Deutlichkeit nachweisen lassen, daß durch Verzinkung des Eisens eine Benachtheiligung seines Verhaltens im frischen oder gerosteten Zustande herbeigeführt werde. Wenn daher durch Praktiker die Beobachtung gemacht worden ist, daß verzinkte Federn aus Stahl nach kurzer Zeit zersprangen, unverzinkte aus demselben Material dagegen nicht, so muß die Frage noch offen bleiben, ob hier die Verzinkung an und für sich die Ursache war, indem sie die Entstehung von Rostprödigkeit beförderte, oder ob, was nach den vorliegenden Versuchsergebnissen wahrscheinlicher ist, das dem Verzinken vorausgegangene Beizen, welches vielleicht mit starker Säure geschah, die eigentliche Veranlassung bildete.

Durch längeres Lagern der gebeizten Gegenstände an trockenen Orte läßt sich die stattgehabte Verminderung der Festigkeit zum größten Theile wieder ausgleichen.

Die elastischen Eigenschaften des Eisens — Streckgrenze, Proportionalitätsgrenze, Elasticitätsmodul — haben bei keinem der stattgehabten Versuche eine deutliche Aenderung erfahren.

Ein für die Praxis nicht unwichtiges Ergebniß der angestellten Versuche ist die Beobachtung, daß die Beiz- und Rostbrüchigkeit um so unmerklicher auftritt, je dicker

---

[1]) Das läßt sich nur mit Stücken aus einem und demselben Material erweisen. A. M.

die Querschnittsabmessungen der betreffenden Eisentheile sind und je schwächere Säure beim Beizen zur Anwendung kam. Während Drähte mit Leichtigkeit brüchig werden, sowohl wenn sie mit Säuren gebeizt als wenn sie bei der Benutzung dem Rosten oder dem Einflusse saurer Flüssigkeiten (Grubenwasser) ausgesetzt werden, ist bei starken Eisentheilen kaum eine Gefahr durch das Beizen zu befürchten; und eine Vermeidung der Gefahr wird um so vollständiger gelingen, je schwächere Säure man zum Beizen benutzt und je weniger man die Zeitdauer der Einwirkung der Säure über jenes Maß hinaus ausdehnt, welches eben zur Erreichung des beim Beizen beabsichtigten Zweckes erforderlich ist. Beim Rosten starker Eisentheile ist jedenfalls die Gefahr, welche die durch das Rosten bedingte Materialzerstörung mit sich bringt, erheblicher, als die durch Entstehung von eigentlicher Rostbrüchigkeit erzeugte.

Die chemische Zusammensetzung des Eisens beeinflußt nicht unwesentlich seine Neigung, beim Beizen und Rosten brüchig zu werden. Nach den bisher angestellten Beobachtungen widersteht Gußeisen am kräftigsten jenen Einflüssen, Schweißeisen wird leicht brüchig, noch zugänglicher ist nach Bädeckers Beobachtungen harter, d. h. kohlenstoffreicher Stahl jenen Einflüssen, während siliciumreicher Stahl nach den oben mitgetheilten Versuchsergebnissen ihnen in stärkerem Maße widersteht.[1]) Gebundener Kohlenstoff scheint daher die Entstehung der Beizbrüchigkeit zu befördern, Silicium ihr entgegenzuwirken. Ob auch Mangan einen Einfluß in dieser Beziehung auszuüben vermag, ist bislang nicht ermittelt worden.

B. Versuchsergebnisse.

Das Probenmaterial.

Das Probenmaterial wurde der Anstalt im frischgewalzten Zustande vorgelegt und bestand aus:

1. 3 Schienen von je 7,5 m Länge aus Flußeisen von Krupp,
2. 18 Träger von je 1,8 m Länge aus Schweißeisen der Königshütte,
3. 2 Rundstangen aus Schweißeisen von Lauchhammer,
4. 2 Rundstangen aus Flußeisen von Peine und
5. je eine Rolle Stahl- und Eisendraht von Felten & Guilleaume.

Sämmtliche Stücke wurden bis zum Beginn der Untersuchung in der Versuchshalle der Anstalt trocken gelagert und nach folgenden Gesichtspunkten zerlegt.

1. Die Schienen.

Die Schienen, in der Versuchsanstalt mit A, B und C gezeichnet, sind in je 6 Abschnitte zerlegt und diese nach Fig. 2 mit 1—6 gezeichnet. Die Verwendung der einzelnen Abschnitte ist aus der nachstehenden Tab. 2 ersichtlich.

2. Die Träger.

Von den 18 Trägern entfielen immer je 6 Probestücke auf ein Walzstück; sie waren dementsprechend von dem Walzwerk mit 1, 2 oder 3 gezeichnet. In der Versuchsanstalt wurden die Abschnitte, mit den Stücken 1 beginnend, laufend mit 1—18 gezeichnet und diese nach den Angaben in Tab. 2 so verwendet, daß immer je ein

---

[1]) Das Zutreffen dieser Vermuthung würde sich durch Versuche mit gehärteten und nicht gehärteten Stücken aus demselben erweisen lassen.   A. M.

Abschnitt der 3 Walzstücke im gleichen Zustande der Prüfung unterlag. Da die Stücke fast ohne Ausnahme in mehr oder weniger windschiefem Zustande angeliefert waren, so wurden sie sämmtlich im rothwarmen Zustande unter einem Setzhammer nachgerichtet, beziehentlich ausgeglüht.

3. Rundstangen.

Die aus den Rundstangen entfallenen Abschnitte sind mit laufenden Zahlen versehen. Die Eintheilung wurde so gewählt, daß die für ein und denselben Zustand zu verwendenden Stücke in der Stange möglichst weit von einander entfernt lagen, um dem Einfluß etwaiger Ungleichmäßigkeiten des Materials thunlichst zu begegnen.

4. Drähte.

Für die Drähte gilt das unter 3 Gesagte.

Zurichtung des Materials.

1. Die Verzinkung der Proben wurde unter Aufsicht des I. Assistenten Rudeloff in der Fabrik des Ingenieur Kortüm zu Berlin ausgeführt. Das dem Verzinken voraufgehende Beizen erfolgte bei den Schienen und Trägern in mit Blei ausgeschlagenen Holzkästen mittels einer Salzsäurelösung vom specif. Gewicht = 1,075 und bei 26 C°. Die Proben waren hierbei derart in die Tröge gelegt, daß einer Berührung des Eisens mit der Bleibekleidung durch Holzunterlagen vorgebeugt war. Die Dauer des Beizens betrug etwa 2 Stunden. Nach dem Verzinken wurden die Stücke zwecks gleichmäßiger Abkühlung frei an der Wand der Verzinkungshalle aufgestellt. Die bearbeiteten Zug- und Druckproben wurden nur mit der Beizflüssigkeit abgewaschen und dann verzinkt.

2. Zum Rosten wurden die Proben ins Freie gelegt. Die bearbeiteten Druckproben waren hierbei mit Draht auf einem Brett befestigt und die verzinkten Stücke an den Enden befeilt, sodaß das Eisen frei lag.

3. Das Beizen erfolgte mittels englischer Schwefelsäure, die bis auf 1% verdünnt war. Die Proben wurden auch hierbei wieder durch Holzunterlagen von einer Berührung mit dem Blei abgehalten und waren außerdem an den Enden mit Zink umgossen, um das Eisen durch die Berührung mit dem Zink beim Beizen elektronegativ zu machen und so eine Beschädigung der Stücke durch die Säure auszuschließen.

Die Proben blieben etwa 17 Stunden in der Beize, wurden dann in fließendem Wasser abgewaschen und nun bis zu der innerhalb 7 Stunden erfolgenden Prüfung in Kalkwasser gelegt, nochmals mit Wasser abgespült und dann mit Sägespänen getrocknet.

Diejenigen Stücke, welche dazu bestimmt waren, nach dem Beizen längere Zeit trocken zu lagern, bevor sie der Prüfung unterzogen wurden, waren in der Versuchshalle untergebracht und sind nach 50—90 tägigem Lagern geprüft, nachdem sie in Folge Leckwerdens des Daches feucht geworden waren.

Tabelle 1.

C. Ergebnisse der
Ergebnisse der Biegeversuche
Bemerkung. Die Einspannung erfolgte mit einer Anfangsbelastung von

Gruppe	Zustand	Zeichen	\multicolumn{12}{c}{Zunahme der Durchbiegungen in $^1/_5$ mm von Belastung zu Belastung in Tonnen.}
			2	4	6	8	10	12	14	16	18	20	22	24
I	Roh, trocken aufbewahrt	1	0,63	1,16	1,19	1,17	1,17	1,18	1,20	1,20	1,33	1,47	1,67	1,94
		7	0,65	1,31	1,17	1,38	1,27	1,25	1,28	1,34	1,31	1,42	1,77	2,60
		13	0,63	1,13	1,36	1,21	1,20	1,30	1,26	1,30	1,30	1,46	1,58	1,91
		Summe	1,91	3,60	3,72	3,76	3,64	3,73	3,74	3,84	3,94	4,35	5,02	6,45
		Mittel	0,64	1,20	1,24	1,25	1,21	1,24	1,25	1,28	1,31	1,45	1,67	2,15
II	Roh, im Freien aufbewahrt	2	0,62	1,19	1,23	1,32	1,15	1,21	1,29	1,35	1,46	1,62	1,75	3,62
		8	0,35	1,24	1,17	1,10	1,23	1,11	1,24	1,30	1,27	1,34	1,58	2,33
		14	0,58	1,25	1,21	1,22	1,10	1,28	1,30	1,30	1,34	1,50	1,65	1,94
		Summe	1,55	3,68	3,61	3,64	3,48	3,60	3,83	3,95	4,07	4,46	4,98	7,89
		Mittel	0,52	1,23	1,20	1,21	1,16	1,20	1,28	1,32	1,36	1,49	1,66	2,63
III	Verzinkt, trocken aufbewahrt	3	0,60	1,20	1,22	1,22	1,21	1,19	1,33	1,37	1,42	1,87	1,44	2,13
		9	0,59	1,20	1,22	1,18	1,23	1,22	1,28	1,34	1,41	1,61	(1,66)	2,59
		15	0,65	1,23	1,31	1,19	1,25	1,19	1,27	1,31	1,30	1,59	1,69	3,01
		Summe	1,84	3,63	3,75	3,59	3,69	3,60	3,88	4,02	4,13	5,07	(4,79)	7,73
		Mittel	0,61	1,21	1,25	1,20	1,23	1,20	1,29	1,34	1,38	1,69	(1,60)	2,58
IV	Verzinkt, im Freien aufbewahrt	4	0,62	1,18	1,19	1,19	1,21	1,14	1,31	1,30	1,53	1,70	1,92	3,87
		10	0,63	1,21	1,23	1,14	1,21	1,09	1,20	1,29	1,31	1,34	1,71	4,88
		16	0,60	1,23	1,21	1,18	1,17	1,15	1,22	1,23	1,33	1,44	1,53	2,52
		Summe	1,85	3,62	3,63	3,51	3,59	3,38	3,73	3,82	4,17	4,48	5,16	11,27
		Mittel	0,62	1,21	1,21	1,17	1,20	1,13	1,24	1,27	1,39	1,49	1,72	3,76
V	Unmittelbar vor dem Versuch gebeizt	5	0,60	1,25	1,22	1,24	1,21	1,19	1,32	1,35	1,43	1,50	1,76	4,96
		11	0,64	1,25	1,21	1,21	1,19	1,22	1,18	1,26	1,27	1,45	1,91	2,99
		17	0,67	1,24	1,22	1,27	1,20	1,29	1,16	1,28	1,36	1,54	1,95	4,30
		Summe	1,91	3,74	3,65	3,72	3,60	3,70	3,66	3,89	4,06	4,49	5,62	12,25
		Mittel	0,64	1,25	1,22	1,24	1,20	1,23	1,22	1,30	1,35	1,50	1,87	4,08
VI	Gebeizt, trocken aufbewahrt	6	0,65	1,15	1,16	1,31	1,19	1,23	1,38	1,36	1,54	1,60	1,97	4,23
		12	0,56	1,25	1,25	1,23	1,23	1,27	1,27	1,23	1,30	1,35	2,20	3,06
		18	0,58	1,24	1,10	1,33	1,31	1,19	1,29	1,24	1,32	1,43	1,74	2,91
		Summe	1,79	3,64	3,51	3,87	3,73	3,69	3,94	3,83	4,16	4,38	5,91	10,20
		Mittel	0,60	1,21	1,17	1,29	1,24	1,23	1,31	1,28	1,39	1,46	1,97	3,40

Untersuchungen.
mit Trägern aus Schweißeisen.
1000 kg (1 ton), auf welche auch bei den Entlastungen zurückgegangen wurde.

Tabelle 1.

Stützweite 1,5 m.

Gesammt-durchbiegung in 1/5 mm unter den Belastungen in Tonnen			Bleibende Durch-biegung in 1/5 mm nach		Proportio-nalitäts-grenze		Höchste Be-lastung in kg	Bemerkungen
26	10	20	10	20	Be-lastung in kg	Durch-biegung in 1/5 mm		
—	5,32	11,70	— 0,12	0,47	14000	7,70	34000	Wegen starker Verbiegung des Trägers wird der Versuch, ohne den Bruch erreicht zu haben, abgebrochen.
3,32	5,78	12,38	0,16	0,89	14000	8,31	34800	dsgl.
2,29	5,33	12,15	—	0,45	14000	8,09	35000	Träger reißt in der Mitte bis über die halbe Höhe ein.
5,61	16,63	36,23	0,04	1,81	42000	24,10	103800	
2,81	5,54	12,08	0,02	0,60	14000	8,03	34600	
3,64	5,51	12,44	— 0,07	0,90	12000	6,72	33800	Bis 33 t Steg eben; bei 33,8 t reißt der Steg an dem einen Auflager vom Flansch ab, nachdem der Träger stark windschief geworden.
3,25	5,09	11,35	— 0,57	0,38	12000	6,20	34000	Bis 33,5 t Steg eben, baucht dann an der Druckstelle aus und wird schließlich windschief. Versuch abgebrochen.
3,22	5,36	12,08	— 0,15	0,54	12000	6,64	33900	Zugseite reißt ca. 50 mm außerhalb der Mitte plötzlich ca. 90 mm tief ein.
10,11	15,96	35,87	— 0,79	1,82	36000	19,56	101700	
3,37	5,32	11,96	— 0,26	0,61	12000	6,52	33900	
4,38	5,45	12,63	— 0,14	1,07	12000	6,64	33900	Versuch wurde wegen starker Verbiegung abgebrochen.
7,70	5,42	12,28	— 0,05	1,09	12000	6,64	32600	dsgl.
4,77	5,63	12,29	— 0,15	0,73	14000	8,09	33800	dsgl.
16,85	16,50	37,20	— 0,34	2,89	38000	21,37	100300	
5,62	5,50	12,40	— 0,11	0,96	12700	7,12	33400	
7,76	5,39	12,37	— 0,09	1,09	12000	6,53	32300	Versuch wurde wegen starker Verbiegung abgebrochen.
12,19	5,42	11,65	— 0,10	0,48	14000	7,71	31200	dsgl.
6,49	5,39	11,76	— 0,16	0,56	14000	7,76	32700	Träger reißt auf der Zugseite ein.
26,44	16,20	35,78	— 0,35	2,13	40000	22,00	96200	
8,81	5,40	11,93	— 0,12	0,71	13300	7,33	32100	
8,23	5,52	12,31	— 0,10	0,82	12000	6,71	33900	Der Steg reißt unter dem gedrückten Flansch parallel zu demselben ein.
6,39	5,50	11,88	— 0,10	0,36	14000	7,90	29900	Versuch wurde wegen starker Verbiegung abgebrochen.
9,01	5,60	12,23	— 0,11	0,58	14000	8,05	29600	Träger reißt auf der Zugseite ca. 100 mm tief plötzlich ein, nachdem zuvor am Flansch Einschnürung zu erkennen.
23,63	16,62	36,42	— 0,31	1,76	40000	22,66	93400	
7,88	5,54	12,14	— 0,10	0,59	13300	7,55	31100	
10,46	5,46	12,57	— 0,10	1,22	14000	8,07	32600	Träger hat sich auf der Druckseite nach oben ausgebaucht.
10,35	5,52	11,94	— 0,06	0,31	14000	8,06	32600	Träger stark windschief gebogen.
7,26	5,56	12,03	— 0,03	0,35	14000	8,04	30000	Flansch reißt bis an die Kanten und der Steg bis über die Neutralaxe.
28,06	16,54	36,54	0,01	1,88	42000	24,17	95200	
9,35	5,51	12,18	—	0,63	14000	8,06	31733	

Tabelle 2.

Ergebnisse der Biegeversuche

Bemerkung. Die Einspannung erfolgte mit einer Anfangsbelastung von

Gruppe	Zustand	Zeichen	Zunahme der Durchbiegungen in 1/5 mm von Belastung zu Belastung in Tonnen											
			2	4	6	8	10	12	14	16	18	20	22	24
I	Roh, trocken aufbewahrt	A 1	0,50	1,09	1,07	1,07	1,07	1,02	1,11	1,18	1,17	1,26	1,48	1,90
		B 1	0,57	1,10	1,04	1,13	1,04	1,02	1,14	1,07	1,10	1,20	1,35	1,69
		C 1	0,61	0,90	1,28	1,03	1,12	1,05	1,10	1,26	1,08	1,22	1,33	1,99
		Summe	1,68	3,09	3,39	3,23	3,23	3,09	3,35	3,51	3,35	3,68	4,16	5,58
		Mittel	0,56	1,03	1,13	1,08	1,08	1,03	1,12	1,17	1,12	1,23	1,39	1,86
II	Roh, im Freien aufbewahrt	A 4	—	1,00	1,14	1,05	1,15	1,09	1,11	1,13	1,20	1,15	1,31	1,63
		B 4	0,47	0,92	1,19	1,10	1,03	1,09	1,08	1,24	1,10	1,26	1,44	1,78
		C 4	0,47	1,05	1,04	1,10	1,05	1,00	1,09	1,12	1,20	1,30	1,38	1,97
		Summe	0,94	2,97	3,37	3,25	3,23	3,18	3,28	3,49	3,50	3,71	4,13	5,38
		Mittel	0,47	0,99	1,12	1,08	1,08	1,06	1,09	1,16	1,17	1,24	1,38	1,79
III	Verzinkt, trocken aufbewahrt	A 5	0,53	1,06	1,05	1,09	1,01	1,10	1,09	1,13	1,10	1,24	1,20	1,65
		B 5	0,46	1,03	1,07	1,06	1,07	1,06	1,10	1,10	1,17	1,22	1,37	1,73
		C 5	0,50	1,05	1,02	1,06	1,06	1,04	1,15	1,06	1,09	1,11	1,14	1,45
		Summe	1,49	3,14	3,14	3,21	3,14	3,20	3,34	3,29	3,36	3,57	3,71	4,83
		Mittel	0,50	1,05	1,05	1,07	1,05	1,07	1,11	1,10	1,12	1,19	1,24	1,61
IV	Verzinkt, im Freien aufbewahrt	A 6	0,47	1,04	1,01	1,01	1,05	1,09	1,07	1,10	1,15	1,20	1,26	1,59
		B 6	0,50	1,03	1,06	1,06	1,06	1,05	1,13	1,07	1,18	1,06	1,15	1,56
		C 6	0,57	1,00	1,06	1,05	1,08	1,11	1,05	1,08	1,09	1,10	1,19	1,55
		Summe	1,54	3,07	3,13	3,12	3,19	3,25	3,25	3,25	3,42	3,36	3,60	4,70
		Mittel	0,51	1,02	1,04	1,04	1,06	1,08	1,08	1,08	1,14	1,12	1,20	1,57
V	Unmittelbar vor dem Versuch gebeizt	A 2	0,58	1,02	1,04	1,09	1,09	1,03	1,06	1,11	1,19	1,20	1,39	1,90
		B 2	0,58	1,04	1,10	1,08	1,05	1,06	1,12	1,11	1,18	1,34	1,33	1,89
		C 2	0,58	1,10	1,10	1,07	1,10	1,09	1,09	1,17	1,20	1,27	1,48	1,84
		Summe	1,74	3,16	3,24	3,24	3,24	3,18	3,27	3,39	3,57	3,81	4,20	5,63
		Mittel	0,58	1,05	1,08	1,08	1,08	1,06	1,09	1,13	1,19	1,27	1,40	1,88
VI	Gebeizt, trocken aufbewahrt	A 3	0,57	1,10	1,08	1,11	1,13	1,04	1,10	1,25	1,14	1,24	1,49	2,19
		B 3	0,58	1,17	1,03	1,15	1,12	1,18	1,01	1,14	1,26	1,19	1,49	2,53
		C 3	0,57	1,10	1,13	1,11	1,15	1,08	1,09	1,15	1,19	1,16	1,13	1,65
		Summe	1,72	3,37	3,24	3,37	3,40	3,30	3,20	3,54	3,59	3,59	4,11	6,37
		Mittel	0,57	1,12	1,08	1,12	1,13	1,10	1,06	1,18	1,20	1,20	1,37	2,12

Tabelle 2.

Beizbrüchigkeit des Eisens.

mit Schienen aus Flußeisen.

1000 kg (1 ton), auf welche auch bei den Entlastungen zurückgegangen wurde.   Stützweite 1 m

Gesammt-durchbiegung in 1/5 mm unter den Belastungen in Tonnen			Bleibende Durchbiegung in 1/5 mm nach		Proportionalitätsgrenze		Streckgrenze		Höchste Belastung in kg	Bemerkungen
26	10	20	10	20	Belastung in kg	Durchbiegung in 1/5 mm	Belastung in kg	Durchbiegung in 1/5 mm		
1,38	4,80	10,54	− 0,09	0,36	12000	5,82	25000	15,30	41600	
2,08	4,88	10,41	− 0,14	0,17	12000	5,90	25000	15,53	42000	
1,72	4,94	10,65	− 0,10	0,30	12000	5,99	25000	15,69	42600	
5,13	14,62	31,60	− 0,33	0,83	36000	17,71	75000	46,52	126200	
1,73	4,87	10,55	− 0,11	0,28	12000	5,90	25000	15,51	42100	
1,41	\multicolumn{4}{l	}{In der Nullablesung ist ein Fehler, daher diese Werthe nicht bestimmbar.}	12000	—	25000	—	41800	
2,22	4,71	10,48	− 0,25	0,33	12000	5,80	25000	15,92	42800	
1,50	4,71	10,42	− 0,21	0,40	12000	5,71	25000	15,27	42800	
5,13	9,42	20,90	− 0,46	0,73	36000	11,51	75000	31,19	127400	
1,71	4,71	10,45	− 0,23	0,37	12000	5,76	25000	15,60	42500	
1,23	4,74	10,40	− 0,04	0,40	14000	6,93	25000	14,48	43300	
1,29	4,69	10,34	− 0,11	0,33	12000	5,75	25000	14,73	42800	
0,86	4,69	10,14	− 0,17	0,13	12000	5,73	26000	15,33	41200	
3,38	14,12	30,88	− 0,32	0,86	38000	18,41	76000	44,54	127300	
1,13	4,71	10,29	− 0,11	0,29	12700	6,14	25300	14,85	42400	
1,42	4,58	10,19	− 0,05	0,30	14000	6,74	25000	14,46	43100	
1,13	4,71	10,20	− 0,14	0,12	12000	5,76	26000	15,39	42600	
1,00	4,76	10,19	− 0,09	0,05	16000	8,00	26000	15,60	42100	
3,55	14,05	30,58	− 0,28	0,47	42000	20,50	77000	45,45	127800	
1,18	4,63	10,19	− 0,09	0,16	14000	6,83	25700	15,15	42600	
1,41	4,82	10,41	− 0,19	0,31	14000	6,91	25000	15,14	42800	
1,62	4,85	10,66	− 0,18	0,33	12000	5,91	25000	15,50	42100	
2,36	4,95	10,77	− 0,01	0,47	14000	7,13	25000	16,45	41300	
5,42	14,62	31,84	− 0,38	1,11	40000	19,95	75000	47,09	126200	
1,81	4,87	10,61	− 0,13	0,37	13300	6,65	25000	15,70	42100	
—	4,99	10,76	− 0,11	− 0,29	12000	6,03	26000	28,17	41900	
4,55	5,05	10,83	− 0,04	0,29	16000	8,38	25000	19,40	41600	
1,40	5,06	10,73	− 0,04	− 0,01	16000	8,38	25000	14,89	41800	
5,95	15,10	32,32	− 0,19	− 0,01	44000	22,79	76000	62,76	125300	
1,98	5,03	10,77	− 0,16	—	14700	7,59	25333	20,92	41766	

Tabelle 3.

Schweiß-
Ergebnisse der Prüfung

Zeichen des Stabes	Zustand	Ursprünglicher Querschnitt		Länge der Theilung	Proportionalitätsgrenze		Elastizitäts-Modul pro qmm	Streckgrenze		Bruchgrenze		Bruch-Querschnitt	
		Durchmesser	Flächeninhalt		Belastung			Belastung		Belastung		Mittlerer Durchmesser	Flächeninhalt
					Total	pro qmm		Total	pro qmm	Total	pro qmm		
		mm	qmm	mm	kg	kg	kg	kg	kg	kg	kg	mm	qmm
1	I	20,4	327	200	6000	18,3	19300	7000	21,4	12400	37,9	16,5	214
7	Roh, trocken	20,4	327	200	6000	18,3	19300	8000	24,5	12300	37,6	18,0	254
13	aufbewahrt	20,3	324	200	6000	18,5	19700	7000	21,6	11800	36,4	18,2	260
	Summe ...	—	—	—	—	55,1	58300	—	67,5	—	111,9	—	—
	Mittel ...	—	—	—	—	18,4	19400	—	22,5	—	37,3	—	—
4	II	20,3	324	200	6000	18,5	19700	7000	21,6	12500	38,6	17,1	230
10	Roh, im Freien	20,3	324	200	6000	18,5	20100	8000	24,7	12500	38,6	17,6	243
16	aufbewahrt	20,4	327	200	5000	15,3	19300	7000	21,4	12250	37,5	17,9	252
	Summe ...	—	—	—	—	52,3	59100	—	67,7	—	114,7	—	—
	Mittel ...	—	—	—	—	17,4	19700	—	22,6	—	38,2	—	—
5	III	20,4	327	200	5000	15,3	19200	7000	21,4	12200	37,3	17,5	241
11	Verzinkt, trocken	20,3	324	200	5000	15,4	19700	7000	21,6	12000	37,0	17,7	246
17	aufbewahrt	20,3	324	200	5000	15,4	19900	7000	21,6	12000	37,0	17,8	249
	Summe ...	—	—	—	—	46,1	58800	—	64,6	—	111,3	—	—
	Mittel ...	—	—	—	—	15,4	19600	—	21,5	—	37,1	—	—
6	IV	20,3	324	200	5000	15,4	20000	7000	21,6	12250	37,8	17,6	243
12	Verzinkt, im Freien	20,3	324	200	5000	15,4	19800	7000	21,6	12250	37,8	17,9	252
18	aufbewahrt	20,4	327	200	4000	12,2	20000	7000	21,4	12250	37,5	18,1	257
	Summe ...	—	—	—	—	43,0	59800	—	64,6	—	113,1	—	—
	Mittel ...	—	—	—	—	14,3	19900	—	21,5	—	37,7	—	—
2	V	20,4	327	200	5000	15,3	18500	7000	21,4	12300	37,6	17,2	232
8	Unmittelbar vor dem Versuch	20,4	327	200	6000	18,3	19300	8000	24,5	12300	37,6	17,9	252
14	gebeizt	20,3	324	200	5000	15,4	19400	7000	21,6	12100	37,3	18,1	257
	Summe ...	—	—	—	—	49,0	57200	—	67,5	—	112,5	—	—
	Mittel ...	—	—	—	—	16,3	19100	—	22,5	—	37,5	—	—
3	VI	20,4	327	200	6000	18,3	19600	7000	21,4	12500	38,2	17,3	235
9	Gebeizt, trocken	20,3	324	200	5000	15,4	19800	8000	24,7	12500	38,6	17,7	246
15	aufbewahrt	20,4	327	200	5000	15,3	19400	7000	21,4	12250	37,8	18,2	260
	Summe ...	—	—	—	—	49,0	58800	—	67,5	—	114,6	—	—
	Mittel ...	—	—	—	—	16,3	19600	—	22,5	—	38,2	—	—

Beizbrüchigkeit des Eisens.   17

Tabelle 3.

eisen.
auf Zugfestigkeit.

Mittlere Entfernung der Bruchstelle von der nächsten Endmarke mm	Verlängerung, bezogen auf eine Länge von 100 mm je 50 mm von der Bruchstelle %	Verlängerung, bezogen auf eine Länge von 200 mm je 100 mm von der Bruchstelle %	Querschnittsverminderung %	Angaben über das Aussehen der Bruchfläche	Angaben über das Aussehen der Oberfläche nach dem Bruch	Bemerkungen
80	29,6	24,8	34,6	Mattgrau mit hellkrystallinisch-glänzenden Stellen, kurzschuppig, porös, zackig. Nr. 7 mit einem Kantenriß mit sehniger Fläche	Krispelig, faltig mit Längsstreifen und Nähten	Oberfläche porös mit Schlackenstellen.
35	21,8	19,3	22,3			
15	16,3	14,8	19,8			
—	67,7	58,9	76,7			
—	22,6	19,6	25,6			
10	25,9	23,2	29,0	Mattgrau mit hellkrystallinisch-glänzenden Stellen, kurzschuppig, porös, zackig	Krispelig, faltig mit Querrissen	
40	24,4	21,7	25,0			
80	19,6	18,6	19,0			
—	69,9	63,5	73,0			
—	23,3	21,2	24,3			
95	23,1	22,6	26,3	dsgl.	Unter der abgesprungenen Zinkschicht, faltig mit Querrissen	
10	22,5	18,9	24,1			
5	21,3	18,8	23,1			
—	66,9	60,3	73,5			
—	22,3	20,1	24,5			
20	28,8	20,2	25,0	Mattgrau, mit hellkrystallinisch-glänzenden Stellen, kurzschuppig, porös, zackig, Nr. 6. Querrisse mit sehniger Fläche	Unter der abgesprungenen Zinkschicht faltig mit Querrissen	*) Da bei Stab 12 durch die Verzinkung die äußersten zwei Körnertheilungen nicht sichtbar sind, so ist die Dehnung auf die Meßlänge 150 bestimmt = 18%.
15	*)	*)	22,2			
20	19,1	17,9	21,4			
—	41,9	38,1	68,6			
—	21,0	19,1	22,9			
20	24,3	21,0	29,5	Mattgrau, mit hellkrystallinisch-glänzenden Stellen, kurzschuppig, porös, zackig	Krispelig, faltig mit Längsstreifen und Nähten	Blanke Oberfläche mit Poren und Schlackenstellen.
15	21,8	19,7	22,9			
70	21,0	20,2	20,7			
—	67,1	60,9	73,1			
—	22,4	20,3	24,4			
10	25,4	22,4	28,1	dsgl.	dsgl.	Oberfläche porös mit Schlackenstellen.
25	20,2	19,4	24,1			
60	23,8	21,6	20,5			
—	69,4	63,4	72,7			
—	23,1	21,1	24,2			

Tabelle 4.

Fluß-
Ergebnisse der Prüfung

Zeichen des Stabes	Zustand	Ursprünglicher Querschnitt		Länge der Theilung	Proportionalitätsgrenze		Elastizitäts-Modul pro qmm	Streckgrenze		Bruchgrenze		Bruch-Querschnitt	
		Durchmesser	Flächeninhalt		Belastung			Belastung		Belastung		Mittlerer Durchmesser	Flächeninhalt
					Total	pro qmm		Total	pro qmm	Total	pro qmm		
		mm	qmm	mm	kg	kg	kg	kg	kg	kg	kg	mm	qmm
19	I	20,0	314	200	6000	19,1	20200	10000	31,8	15200	48,4	13,4	141
25	Roh, trocken	20,0	314	200	6000	19,1	20400	8000	25,5	14500	46,2	13,1	135
31	aufbewahrt	20,0	314	200	5000	15,9	19900	8000	25,5	14200	45,2	13,5	143
	Summe	—	—	—	—	54,1	60500	—	82,8	—	139,8	—	—
	Mittel	—	—	—	—	18,0	20200	—	27,6	—	46,6	—	—
22	II	20,0	314	200	6000	19,1	20800	9000	28,7	14750	47,0	13,7	147
28	Roh, im Freien	20,0	314	200	6000	19,1	20400	9000	28,7	14500	46,2	13,3	139
34	aufbewahrt	20,0	314	200	6000	19,1	20400	8000	25,5	14250	45,4	13,6	145
	Summe	—	—	—	—	57,3	61600	—	82,9	—	138,6	—	—
	Mittel	—	—	—	—	19,1	20500	—	27,6	—	46,2	—	—
23	III	19,9	311	200	6000	19,3	20400	9000	28,9	14300	46,0	15,5	189
29	Verzinkt, trocken	20,0	314	200	6000	19,1	20500	9000	28,7	14300	45,5	15,3	184
35	aufbewahrt	20,0	314	200	6000	19,1	20100	9000	28,7	14000	44,6	14,9	174
	Summe	—	—	—	—	57,5	61000	—	86,3	—	136,1	—	—
	Mittel	—	—	—	—	19,2	20300	—	28,8	—	45,4	—	—
24	IV	20,0	314	200	6000	19,1	20600	9000	28,7	14500	46,2	15,5	189
30	Verzinkt, im Freien	20,0	314	200	6000	19,1	21200	9000	28,7	14500	46,2	15,2	181
36	aufbewahrt	20,0	314	200	6000	19,1	20800	9000	28,7	14250	45,4	15,4	186
	Summe	—	—	—	—	57,3	62600	—	86,1	—	137,8	—	—
	Mittel	—	—	—	—	19,1	20900	—	28,7	—	45,9	—	—
20	V	20,0	314	200	7000	22,3	20200	9000	28,7	14800	47,1	14,3	161
26	Unmittelbar vor dem Versuch	20,0	314	200	6000	19,1	20100	8000	25,5	14300	45,5	13,2	137
32	gebeizt	20,0	314	200	6000	19,1	20200	9000	28,7	14200	45,2	13,3	139
	Summe	—	—	—	—	60,5	60500	—	82,9	—	137,8	—	—
	Mittel	—	—	—	—	20,2	20200	—	27,6	—	45,9	—	—
21	VI	20,0	314	200	6000	19,1	20600	9000	28,7	14750	47,0	13,7	147
27	Gebeizt, trocken	20,0	314	200	6000	19,1	20600	8000	25,5	14250	45,4	13,2	137
33	aufbewahrt.	20,0	314	200	6000	19,1	20200	8000	25,5	14250	45,4	13,1	135
	Summe	—	—	—	—	57,3	61400	—	79,7	—	137,8	—	—
	Mittel	—	—	—	—	19,1	20500	—	26,6	—	45,9	—	—

Tabelle 4.

eisen.
auf Zugfestigkeit.

Mittlere Entfernung der Bruchstelle von der nächsten Endmarke mm	Verlängerung, bezogen auf eine Länge von		Querschnittsverminderung %	Angaben über das Aussehen der		Bemerkungen
	100 mm je 50 mm von der Bruchstelle %	200 mm je 100 mm von der Bruchstelle %		Bruchfläche	Oberfläche nach dem Bruche	
20	32,0	24,7	55,1	Hellmattgrau, Rand seidig glänzend, Kernbildung, feinkörnig, eben	Krispelig, mit feinen Längsnähten, Bruchrand gezackt	
85	34,5	28,0	57,0			
25	32,9	27,0	54,5			
—	99,4	79,7	166,6			
—	33,1	26,6	55,5			
30	34,6	28,4	53,2	Hellmattgrau, Rand seidig glänzend, feinkörnig, uneben. Bei Nr. 28. Kernbildung, mit Bruchlinien	dsgl.	
30	29,9	25,5	55,7			
55	33,0	27,0	53,8			
—	97,5	80,9	162,7			
—	32,5	27,0	54,2			
30	27,7	24,7	39,2	Hellgrau, krystallinisch glänzend, mit matten Stellen, feinkörnig, Kernbildung, uneben	dsgl.	
40	30,4	26,6	41,4			
45	29,4	24,4	44,6			
—	87,5	75,7	125,2			
—	29,2	25,2	41,7			
60	30,4	27,0	39,8	Hellgrau, krystallinisch glänzend, mit matten Stellen, feinkörnig, uneben. Bei Nr. 24. Bruch außerhalb der stärkst eingeschnürten Stelle	Krispelig, mit feinen Längsnähten, Bruchrand gezackt, mit Streckfiguren	
35	29,5	25,0	42,4			
90	29,3	25,5	40,8			
—	89,2	77,5	123,0			
—	29,7	25,8	41,0			
20	29,7	25,6	48,7	Hellmattgrau, Rand seidig glänzend, Kernbildung, feinkörnig, eben	Krispelig, mit feinen Längsnähten, Bruchrand gezackt	
70	34,0	29,4	56,4			
95	36,3	29,6	55,7			
—	100,0	84,6	160,8			
—	33,3	28,2	53,6			
90	31,3	26,4	53,2	Hellmattgrau, Rand seidig glänzend, Kernbildung, feinkörnig. Bei Nr. 21 eben, bei Nr. 27 u. 33 uneben	Krispelig, mit feinen Längsnähten, Bruchrand gezackt	
75	33,5	27,8	56,4			
60	32,4	26,9	57,0			
—	97,2	81,1	166,6			
—	32,4	27,0	55,6			

Tabelle 5.

Ergebnisse der Zug-

A. Eisendrähte.

Durchmesser = 2,2 mm.   Querschnitt = 3,8 qmm.

Zustand der Probe	Nr. der Probe	Dehnung in mm auf 300 mm Länge bei den vorgeschriebenen Belastungen der Wage in kg									Streckgrenze		Bruchgrenze		Bruch- dehnung
		4	6	8	10	12	14	16	18	20	Belastung kg	Spannung kg/qmm	Belastung kg	Spannung kg/qmm	
Roh, trocken aufbewahrt	1	0,1	0,2	0,3	0,4	0,5	0,6	0,7	0,9	1,3	197,4	51,9	209,4	55,1	4,8
	7	0,1	0,2	0,3	0,4	0,5	0,6	0,7	0,9	1,8	197,4	51,9	209,5	55,1	3,8
	13	0,1	0,2	0,3	0,4	0,5	0,6	0,7	0,9	1,2	197,4	51,9	208,8	54,9	3,5
Mittel . .		0,1	0,2	0,3	0,4	0,5	0,6	0,7	0,9	1,4	—	51,9	—	55,0	4,0
Roh, im Freien aufbewahrt	2	0,1	0,2	0,3	0,4	0,5	0,6	1,5	1,7	—	157,9	41,6	184,5	48,6	3,2
	8	0,1	0,2	0,3	0,4	0,5	0,7	0,8	1,3	—	167,8	44,2	200,0	52,6	3,1
	14	0,1	0,2	0,3	0,4	0,9	1,0	1,9	—	—	157,9	41,6	(177,7)	(46,8)	—
Mittel . .		0,1	0,2	0,3	0,4	0,6	0,8	1,4	1,5	—	—	42,5	—	(50,6)	3,3
Verzinkt, trocken aufbewahrt	5	0,1	0,2	0,3	0,4	0,5	0,6	0,7	1,0	—	177,7	46,8	199,8	52,6	17,3
	11	0,1	0,2	0,3	0,4	0,5	0,6	0,8	2,1	—	177,7	46,8	199,7	52,6	15,2
	17	0,1	0,2	0,4	0,5	0,6	0,7	1,0	2,8	12,8	157,9	41,6	197,4	51,9	12,8
Mittel . .		0,1	0,2	0,3	0,4	0,5	0,6	0,8	2,0	12,8	—	45,1	—	52,4	15,1
Verzinkt, im Freien aufbewahrt	6	0,1	0,2	0,3	0,4	0,5	0,6	0,7	0,9	11,6	197,4	51,9	199,9	52,6	13,3
	12	0,1	0,2	0,3	0,4	0,7	0,8	0,9	1,8	—	177,7	46,8	199,5	52,5	14,6
	18	0,1	0,2	0,3	0,4	0,5	0,6	0,7	0,8	9,8	197,4	51,9	200,7	52,8	12,5
Mittel . .		0,1	0,2	0,3	0,4	0,6	0,7	0,8	1,2	10,7	—	50,2	—	52,6	13,5
Unmittelbar vor dem Versuch gebeizt	4	0,2	—	0,4	—	0,6	—	0,8	—	1,8	—	—	207,3	54,6	—
	10	0,1	0,2	0,3	0,4	0,5	0,6	0,7	0,8	1,0	—	—	217,1	57,1	4,2
	16	0,1	0,2	0,4	0,5	0,6	0,8	0,9	1,0	1,4	—	—	212,2	55,8	6,7
Mittel . .		0,1	0,2	0,4	0,5	0,6	0,7	0,8	0,9	1,4	—	—	—	55,8	5,5
Gebeizt, trocken aufbewahrt	3	0,1	0,2	0,3	0,4	0,5	0,6	0,9	1,0	12,0	—	—	217,1	57,1	5,0
	9	0,1	0,2	0,3	0,4	0,5	0,6	0,8	1,1	1,2	—	—	217,1	57,1	5,1
	15	0,1	0,2	0,3	0,4	0,5	0,6	0,7	0,9	1,4	—	—	216,7	57,0	4,8
Mittel . .		0,1	0,2	0,3	0,4	0,5	0,6	0,8	1,0	4,9	—	—	—	57,1	5,0

Beizbrüchigkeit des Eisens.

Tabelle 5.

Versuche mit Drähten.

B. Stahldrähte.

Durchmesser = 2,2 mm.   Querschnitt = 3,8 qmm.

Nr. der Probe	Dehnung in mm auf 300 mm Länge bei den vorgeschriebenen Belastungen der Wage in kg															Streckgrenze		Bruchgrenze		Bruchdehnung
	4	8	12	16	20	24	28	30	32	34	36	38	40	42	44	46	Belastung kg	Spannung kg/qmm	Belastung kg	Spannung kg/qmm	
19	0,1	0,3	0,5	0,7	0,9	1,1	1,4	1,6	1,8	2,0	2,2	2,6	2,9	3,5	4,5	7,8	414,5	109,1	462,3	121,7	8,6
25	0,1	0,2	0,5	0,7	0,9	1,1	1,4	1,6	1,8	2,0	2,3	2,7	3,0	3,7	4,9	8,3	414,5	109,1	455,8	119,9	8,5
31	0,1	0,2	0,3	0,6	0,8	1,0	1,3	1,5	1,7	1,9	2,1	2,4	2,8	3,4	4,5	7,7	414,5	109,1	462,5	121,7	9,1
	0,1	0,2	0,4	0,7	0,9	1,1	1,4	1,6	1,8	2,0	2,2	2,6	2,9	3,5	4,6	7,9	—	109,1	—	121,1	8,7
20	0,1	0,2	0,5	0,7	0,9	1,1	1,4	1,6	1,8	1,9	2,3	2,6	3,4	3,6	4,5	—	414,5	109,1	457,0	120,3	7,8
26	0,2	0,4	0,6	0,8	1,0	1,1	1,4	1,8	2,0	2,3	2,7	3,1	3,8	5,5	—	—	394,8	103,9	431,3	113,5	7,3
32	0,2	0,4	0,6	0,8	1,0	1,2	1,5	1,7	2,0	2,2	2,4	2,8	3,2	4,9	—	—	414,5	109,1	452,3	119,0	7,5
	0,2	0,3	0,6	0,8	1,0	1,1	1,4	1,7	1,9	2,1	2,5	2,8	3,5	4,7	4,5	—	—	107,7	—	117,6	7,5
23	0,2	0,4	0,5	0,7	0,9	1,0	1,1	1,3	1,4	1,5	1,6	1,8	4,9	—	—	—	394,8	103,9	448,2	116,9	18,3
29	0,1	0,3	0,5	0,6	0,8	1,0	1,1	1,2	1,4	1,6	1,8	2,0	5,4	—	—	—	394,8	103,9	442,6	116,5	18,6
35	0,2	0,4	0,6	0,8	0,9	1,0	1,1	1,2	1,4	1,6	1,8	2,3	6,0	9,1	15,2	—	394,8	103,9	439,2	115,6	17,0
	0,2	0,4	0,5	0,7	0,9	1,0	1,1	1,2	1,4	1,6	1,7	2,0	5,4	9,4	15,2	—	—	103,9	—	116,3	18,0
24	0,1	0,2	0,4	0,6	0,8	0,9	1,0	1,1	1,2	1,4	1,6	1,8	3,7	6,7	10,4	—	394,8	103,9	450,2	118,4	16,2
30	0,1	0,3	0,4	0,6	0,8	0,9	1,0	1,1	1,2	1,4	1,6	1,8	4,4	7,7	11,5	—	394,8	103,9	448,2	116,9	17,7
36	0,1	0,3	0,4	0,6	0,8	0,9	1,0	1,1	1,2	1,5	1,7	1,9	5,1	8,3	11,7	—	394,8	103,9	442,9	116,5	15,5
	0,1	0,3	0,4	0,6	0,8	0,9	1,0	1,1	1,2	1,4	1,6	1,8	4,4	7,6	11,5	—	—	103,9	—	117,3	16,5
22	0,1	0,3	0,5	0,7	0,9	1,1	1,4	1,5	1,7	1,9	2,2	2,5	2,8	3,5	4,5	7,0	—	—	459,0	120,3	8,7
28	—	0,4	0,6	0,8	0,9	1,2	1,5	—	—	—	2,9	3,4	4,3	6,3	—	—	394,8	103,9	463,9	122,1	9,2
34	0,2	0,3	0,5	0,7	0,9	1,1	1,5	1,6	1,8	2,0	2,2	2,6	3,0	3,6	4,8	8,0	434,3	114,3	463,9	122,1	—
	0,2	0,3	0,5	0,7	0,9	1,1	1,5	1,6	1,8	2,0	2,2	2,6	2,9	3,5	4,5	7,1	—	109,1	—	121,7	9,0
21	0,2	0,4	0,6	0,8	1,0	1,2	1,6	1,7	1,9	2,1	2,4	2,8	3,2	3,9	5,1	—	434,3	114,3	456,1	120,0	8,8
27	0,2	0,4	0,6	0,8	1,0	1,2	1,6	1,7	1,9	2,1	2,3	2,6	3,0	3,5	4,5	—	434,3	114,3	460,0	121,1	8,9
33	0,2	0,4	0,6	0,8	1,0	1,2	1,6	1,7	2,0	2,2	2,5	2,9	3,5	4,4	—	—	434,3	114,3	462,9	121,8	9,4
	0,2	0,4	0,6	0,8	1,0	1,2	1,6	1,7	1,9	2,1	2,3	2,6	3,0	3,6	4,7	—	—	114,3	—	121,0	9,0

Tabelle 6.

Ergebnisse der Biegeversuche mit Drähten.

Zustand der Probe.	A. Eisendrähte				B. Stahldrähte			
	Anzahl der Biegungen bis zum Bruch							
	1	2	3	Mittel	1	2	3	Mittel
Roh, trocken aufbewahrt	12	12	12	12	13	15	12	13
Roh, im Freien aufbewahrt . . .	10	10	10	10	8	9	11	9
Verzinkt, trocken aufbewahrt . . .	11	10	11	11	11	12	12	12
Verzinkt, im Freien aufbewahrt .	9	9	10	9	12	12	11	12
Unmittelbar v. d. Versuch gebeizt	8	6	7,5	7	14	10	10	11
Gebeizt, trocken aufbewahrt . . .	11	11	9	11	12	12	13	12

Tabelle 7.

Schweiß-
Ergebnisse der Prüfung

Nr. der Probe	Zustand der Probe	Ursprüngliche Abmessungen			Streckgrenze		Höhenverminderung in % der ursprüng-									
		Höhe mm	Durchmesser mm	Gedrückte Fläche qmm	Belastung kg	Spannung kg/qmm	5	10	15	20	25	30	35	40	45	50
1	I Roh, trocken aufbewahrt.	30,0	30,1	712	20000	28,0	0,27	0,27	0,37	0,99	2,0	3,9	6,6	9,8	14,0	18,0
7		30,2	30,1	712	19000	26,7	0,23	0,33	0,46	1,16	2,5	4,6	7,6	11,0	15,1	19,0
13		30,1	30,1	712	19900	26,7	0,10	0,33	0,43	1,00	2,2	4,1	7,0	10,2	14,1	18,1
	Summe ..	90,3	90,3	—	—	81,4	0,60	0,93	1,26	3,09	6,7	12,6	21,2	31,0	43,2	55,1
	Mittel ...	30,1	30,1	—	—	27,1	0,27	0,31	0,42	1,03	2,2	4,2	7,1	10,3	14,4	18,4
4	II Roh, im Freien aufbewahrt.	30,1	30,1	712	19000	26,7	0,13	0,33	0,43	1,33	2,7	4,9	7,7	11,5	15,3	19,5
10		30,1	30,1	712	18000	25,3	—	0,17	0,33	1,20	2,5	4,9	7,7	11,4	15,4	20,3
16		30,1	30,2	716	19000	26,5	0,07	0,33	0,53	1,10	2,3	4,3	7,1	10,5	14,9	19,6
	Summe ..	90,3	90,4	—	—	78,5	0,20	0,83	1,29	3,63	7,5	14,1	22,5	33,4	45,6	59,4
	Mittel ...	30,1	30,1	—	—	26,2	0,10	0,28	0,43	1,21	2,5	4,7	7,5	11,1	15,2	19,8
5	III Verzinkt, trocken aufbewahrt.	29,9	30,1	712	24000	33,7	0,50	0,70	0,97	1,97	3,3	5,5	8,3	11,7	15,8	19,7
11		30,1	30,1	712	21000	29,5	0,53	0,70	0,86	1,62	2,8	4,8	7,6	10,9	15,0	19,4
17		30,3	30,2	716	18000	25,2	—	0,20	0,46	1,16	2,4	4,3	7,6	10,9	15,3	20,1
	Summe ..	90,3	90,4	—	—	88,4	1,03	1,60	2,29	4,75	8,5	14,6	23,5	33,5	46,1	59,2
	Mittel ...	30,1	30,1	—	—	29,5	0,52	0,53	0,76	1.58	2,8	4,9	7,8	11,2	15,4	19,7
6	IV Verzinkt, im Freien aufbewahrt.	30,1	30,1	712	22000	30,9	0,07	0,27	0,56	1,56	3,06	5,08	8,11	12,2	16,3	21,0
12		30,2	30,2	716	24000	33,5	0,17	0,33	0,53	1,46	2,35	4,57	7,51	11,0	14,9	19,7
18		30,2	30,2	716	24000	33,5	0,20	0,36	0,50	1,46	2,85	4,90	7,75	11,4	16,0	20,0
	Summe ..	90,5	90,5	—	—	97,9	0,44	0,96	1,59	4,48	8,26	14,55	23,37	34,6	47,2	60,7
	Mittel ...	30,2	30,2	—	—	32,6	0,15	0,32	0,53	1,49	2,75	4,85	7,79	11,5	15,7	20,2
2	V Unmittelbar vor dem Versuch gebeizt.	30,2	30,1	712	25000	35,1	0,03	0,10	0,26	1,06	2,50	5,0	7,90	11,5	15,7	19,8
8		30,1	30,1	712	19000	26,7	0,03	0,16	0,29	1,10	2,50	5,0	8,04	11,6	16,2	20,2
14		30,1	30,2	716	19000	27,9	0,03	0,10	0,23	0,86	2,30	4,4	7,10	10,6	14,9	18,8
	Summe ..	90,4	90,4	—	—	89,7	0,09	0,36	0,78	3,02	7,3	14,4	23,04	33,7	46,8	58,8
	Mittel ...	30,1	30,1	—	—	29,9	0,03	0,12	0,26	1,01	2,4	4,8	7,68	11,2	15,6	19,6
3	VI Gebeizt, trocken aufbewahrt.	30,0	30,1	712	18000	25,3	—	0,03	0,13	1,00	2,3	4,4	7,5	11,2	14,8	19,3
9		30,1	30,1	712	18000	25,3	—	0,10	0,27	1,10	2,4	4,8	7,8	11,1	15,4	19,4
15		30,1	30,1	712	18000	25,3	—	0,03	0,13	0,90	2,1	4,1	6,8	10,2	14,3	18,5
	Summe ..	90,2	90,3	—	—	75,9	—	0,16	0,53	3,00	6,8	13,3	22,1	32,5	44,5	57,2
	Mittel ...	30,1	30,1	—	—	25,3	—	0,05	0,18	1,00	2,3	4,4	7,4	10,8	14,8	19,1

Beizbrüchigkeit des Eisens.

Tabelle 7.

eisen.
auf Druckfestigkeit
(Proportionalitätsgrenze).

lichen Höhe bei den Belastungen in t.

55	60	65	70	75	80	85	90	95	100	Bemerkungen
38,0	41,9	46,2	49,7	—	—	—	—	—	—	Bei 40 t starke Zerknitterung und Ausbauchung; bei 65 t Schweißfugen klaffen, bei 80 t Körper herausgenommen.
23,3	27,1	31,2	34,5	37,6	41,0	—	—	—	—	Bei 80 t Körper herausgenommen.
22,6	26,4	30,6	—	—	—	—	—	—	—	Bei 90 t Zerknitterung; bei 65 t hat sich am Mantel des Cylinders ein Stück losgelöst, bei 80 t Körper herausgenommen.
83,9	95,4	108,0	84,2	—	—	—	—	—	—	
28,0	31,8	36,0	42,1	37,6	41,0	—	—	—	—	
20,9	29,1	33,1	36,5	40,0	42,9	45,2	47,5	49,3	51,6	Bei 65 t Schweißfugen klaffen, bei 100 t Körper herausgenommen.
24,3	28,9	33,6	36,8	40,3	42,8	45,1	47,2	49,1	51,3	Bei 65 t Schweißfugen klaffen, bei 100 t Körper herausgenommen.
24,3	29,0	34,0	37,2	40,3	43,0	45,8	47,5	49,3	51,3	Bei 65 t Schweißfugen klaffen, bei 100 t Körper herausgenommen.
69,5	87,0	100,7	110,5	120,6	128,7	136,1	142,2	147,7	154,2	
23,2	29,0	33,6	36,8	40,2	42,9	45,4	47,4	49,2	51,4	
24,4	28,2	32,1	35,9	39,1	42,1	—	47,3	49,7	51,6	Bei 45 t blättert die Zinkhaut ab, bei 100 t Körper herausgenommen.
24,0	28,6	32,8	36,5	40,1	43,0	45,5	47,8	50,0	51,9	Bei 35 t Ausbauchung, bei 45 t blättert die Zinkhaut ab, bei 100 t Körper herausgenommen.
24,4	30,0	34,3	37,5	40,6	43,5	45,8	48,1	50,1	52,1	Bei 50 t blättert die Zinkhaut ab, bei 100 t Körper herausgenommen.
72,8	86,8	99,2	109,9	119,8	128,6	91,3	143,2	149,8	155,6	
24,3	28,9	33,1	36,6	39,9	42,9	45,7	47,7	49,9	51,9	
25,6	30,1	34,4	37,8	41,0	43,9	46,4	48,6	51,1	52,7	Bei 100 t Körper herausgenommen.
25,2	28,6	33,0	37,0	40,6	43,0	46,0	48,3	50,2	52,1	dsgl.
24,0	28,6	33,3	37,1	40,2	43,3	45,8	48,4	50,3	52,1	dsgl.
74,8	87,3	100,7	111,9	121,8	130,2	138,2	145,3	151,6	156,9	
24,9	29,1	33,6	37,3	40,6	43,4	46,1	48,4	50,5	52,3	
24,2	28,2	32,3	35,5	38,9	—	—	—	—	—	Bei 25 t krispelig.
24,6	28,9	33,2	36,4	39,9	—	—	—	—	—	Bei 40 t krispelig.
23,4	27,6	31,5	35,0	38,2	—	—	—	—	—	Bei 25 t krispelig, bei 65 t Längsriß.
72,2	84,7	97,0	106,9	117,0	—	—	—	—	—	
24,1	28,2	32,3	35,6	39,0	—	—	—	—	—	
23,5	27,6	32,1	35,4	39,0	38,4	43,5	46,3	—	—	Bei 40 t sehr starke Zerknitterung und Ausbauchung, bei 75 t Schweißfugen klaffen. Knistern im Körper, bei 95 t Körper herausgenommen.
24,3	28,3	32,7	36,4	39,9	42,9	45,4	47,6	49,4	51,3	Bei 35 t Zerknitterung, bei 85 t Knistern im Körper.
23,4	27,7	32,0	35,9	39,4	42,1	45,0	46,7	48,7	50,9	Bei 80 bis 85 t Beginn der Zerknitterung, bei 65 t kleine Schweißfugen klaffen, bei 80 t Knistern, bei 90 t Schweißfugen klaffen, bei 100 t Knistern und Knacken, Körper herausgenommen.
71,2	83,6	96,8	107,7	118,3	123,4	133,9	140,6	98,1	153,0	
23,7	27,9	32,3	35,9	39,4	41,1	44,6	46,9	49,1	51,0	

Tabelle 8.

Fluß-
Ergebnisse der Prüfung
(ohne Bestimmung der

Nr. der Probe	Zustand der Probe	Ursprüngliche Abmessungen			Streckgrenze		Höhenverminderung in % der ursprüng-									
		Höhe mm	Durchmesser mm	Gedrückte Fläche qmm	Belastung kg	Spannung kg/qmm	5	10	15	20	25	30	35	40	45	50
49	I	30,1	30,1	712	22000	30,9	2,33	2,36	2,43	2,49	4,8	6,6	8,7	11,3	14,0	17,3
55	Roh, trocken	30,0	30,1	712	22000	30,9	0,33	0,40	0,50	0,63	3,0	5,0	7,2	9,8	16,1	—
61	aufbewahrt	30,0	30,2	716	22000	30,7	0,27	0,30	0,37	0,47	2,8	4,6	6,8	9,2	12,2	15,5
	Summe ..	90,1	90,4	—	—	92,5	2,93	3,06	3,30	3,59	10,6	16,2	22,7	30,3	42,3	32,8
	Mittel ...	30,0	30,1	—	—	30,8	0,98	1,02	1,10	1,20	3,5	5,4	7,6	10,1	14,1	16,4
52	II	30,2	30,2	716	22000	30,7	0,13	0,26	0,40	0,73	2,9	4,9	7,2	9,6	13,1	16,3
58	Roh, im Freien	30,1	30,1	712	22000	30,9	0,07	0,20	0,33	0,60	3,3	5,0	7,6	10,3	13,6	16,9
64	aufbewahrt	30,2	30,2	716	22000	30,7	0,07	0,20	0,33	0,50	2,8	4,6	6,9	9,5	12,9	15,9
	Summe ..	90,5	90,5	—	—	92,3	0,27	0,66	1,06	1,83	9,0	14,7	21,7	29,4	39,6	49,1
	Mittel ...	30,2	30,2	—	—	30,8	0,09	0,22	0,35	0,61	3,0	4,9	7,2	9,8	13,2	16,4
53	III	30,3	30,2	716	21500	30,0	0,07	0,23	0,40	0,50	3,3	5,2	7,4	10,2	13,2	16,6
59	verzinkt, trocken	30,1	30,2	716	21500	30,0	—	0,13	0,23	0,50	3,0	4,8	7,0	9,6	12,6	16,1
65	aufbewahrt	30,2	30,1	712	19000	26,7	—	0,13	0,23	0,96	2,9	4,8	7,1	9,7	12,6	16,2
	Summe ..	90,6	90,5	—	—	86,7	—	0,49	0,86	1,96	9,2	14,8	21,5	29,5	38,4	48,9
	Mittel ...	30,2	30,2	—	—	28,9	0,07	0,16	0,29	0,65	3,1	4,9	7,2	9,8	12,8	16,3
54	IV	30,2	30,2	716	21000	29,3	0,10	0,30	0,43	0,73	3,1	5,4	7,4	10,0	13,0	16,5
60	Verzinkt, im Freien	30,0	30,2	716	22000	30,7	0,10	0,30	0,50	0,70	3,2	5,2	7,1	10,1	13,2	16,5
66	aufbewahrt	30,2	30,1	712	20000	28,0	0,13	0,30	0,50	0,89	3,5	5,1	7,8	10,1	13,3	16,8
	Summe ..	90,4	90,5	—	—	88,0	0,33	0,90	1,43	2,32	9,8	15,7	22,3	30,2	39,5	49,8
	Mittel ...	30,1	30,2	—	—	29,3	0,11	0,30	0,48	0,77	3,3	5,2	7,4	10,1	13,2	16,6
50	V	30,1	30,1	712	22000	30,9	0,03	0,20	0,60	0,96	3,30	5,30	7,50	10,4	13,4	16,8
56	Unmittelbar vor dem	30,0	30,1	712	21000	29,5	0,06	0,23	0,53	0,90	4,40	5,30	7,70	10,5	13,8	17,2
62	Versuch gebeizt	30,2	30,1	712	22000	30,9	0,03	0,16	0,56	0,93	3,38	5,23	7,58	10,3	13,5	16,9
	Summe ..	90,3	90,3	—	—	91,3	0,12	0,59	1,69	2,79	11,08	15,83	22,78	31,2	40,7	50,9
	Mittel ...	30,1	30,1	—	—	30,4	0,04	0,20	0,56	0,93	3,69	5,28	7,59	10,4	13,6	17,0
57	VI	30,1	30,2	716	21000	29,3	—	—	0,13	0,27	2,8	4,8	7,1	9,6	12,8	16,1
63	Gebeizt, trocken	30,2	30,1	712	21000	29,5	—	0,07	0,20	0,33	3,0	5,0	7,4	10,1	13,2	16,5
69	aufbewahrt	30,2	30,2	716	19750	27,6	0,10	0,17	0,30	0,96	3,3	5,3	7,7	10,5	13,6	17,2
	Summe ..	90,5	90,5	—	—	86,4	0,10	0,24	0,63	1,56	9,1	15,1	22,2	30,2	39,6	49,8
	Mittel ...	30,2	30,2	—	—	28,8	0,10	0,12	0,21	0,52	3,0	5,0	7,4	10,1	13,2	16,6

Tabelle 8.

eisen.
auf Druckfestigkeit
Proportionalitätsgrenze).

		lichen Höhe bei den Belastungen in t								Bemerkungen
55	60	65	70	75	80	85	90	95	100	
20,6	24,2	27,7	31,0	34,5	37,7	40,0	42,9	—	—	Bei 30 t fein krispelig, bei 40 t Ausbauchung, bei 95 t Körper herausgenommen.
19,4	23,0	26,9	30,0	33,3	36,2	39,1	41,9	44,1	46,5	Bei 30 t krispelig und Ausbauchung, bei 45 t treten Fließfiguren auf, welche bei 75 t schwächer werden; bei 100 t Körper herausgenommen.
18,7	22,2	25,7	28,9	32,1	35,3	38,1	40,6	43,3	45,4	Bei 30 t krispelig, bei 35 t Ausbauchungen, bei 100 t Körper herausgenommen.
58,7	69,4	80,3	89,9	99,9	109,2	117,2	125,4	87,4	91,9	
19,6	23,1	26,8	30,0	33,3	36,4	39,1	41,8	43,7	46,0	
23,1	24,0	26,0	31,1	34,3	37,3	39,7	42,7	44,5	46,8	Bei 100 t Körper herausgenommen.
20,6	24,5	28,2	31,6	34,8	37,8	41,1	43,0	45,2	47,4	dsgl.
19,9	23,8	27,8	31,1	34,4	37,3	40,0	42,5	44,4	46,7	dsgl.
63,6	72,3	82,0	93,8	103,5	112,4	120,8	128,2	134,1	140,9	
21,2	24,1	27,3	31,3	34,5	37,5	40,3	42,7	44,7	47,0	
20,6	24,3	27,6	31,3	34,5	37,5	40,8	42,7	45,0	47,6	
19,9	23,7	27,5	30,9	34,6	37,3	40,1	42,4	45,0	47,0	Bei 40 t schwache Ausbauchung.
19,7	23,8	27,7	31,0	34,3	37,5	40,0	42,4	44,6	46,8	
60,2	71,8	82,8	93,2	103,4	112,3	120,9	127,5	134,6	141,4	
20,1	23,9	27,6	31,1	34,5	37,4	40,3	42,5	44,9	47,1	
20,1	23,5	27,7	30,9	34,2	37,5	40,0	42,8	44,4	47,0	Bei 100 t Körper herausgenommen.
20,2	23,9	27,7	31,3	34,7	37,8	40,1	42,8	45,4	47,4	dsgl.
20,6	24,4	27,8	31,3	34,6	37,9	40,3	43,2	45,5	47,6	dsgl.
60,9	71,8	83,2	93,5	103,5	113,2	120,4	128,8	135,4	142,0	
20,3	23,9	27,7	31,2	34,5	37,7	40,1	42,9	45,1	47,3	
20,9	24,3	27,9	31,4	34,9	37,2	—	—	—	—	Bei 25 t krispelig.
20,8	24,6	28,3	31,5	35,0	38,0	—	—	—	—	dsgl.
20,5	24,1	27,6	31,3	34,1	36,7	—	—	—	—	dsgl.
62,2	73,0	83,8	94,2	104,0	111,9	—	—	—	—	
20,7	24,3	27,9	31,4	34,7	37,3	—	—	—	—	
19,6	23,5	27,1	30,4	33,8	36,5	39,4	41,7	43,7	—	100 t kamen nicht hoch wegen schwachen Druckes, Körper herausgenommen.
20,4	23,5	27,3	30,5	33,7	36,5	39,3	41,5	44,0	45,5	Bei 25 t krispelig.
19,2	24,7	28,4	31,7	35,0	38,0	40,2	43,0	45,3	47,1	Bei 25 t krispelig, bei 35 t Ausbauchung.
59,2	71,7	82,8	92,6	102,5	111,0	118,9	126,2	133,0	92,9	
19,7	23,9	27,6	30,9	34,2	37,0	39,6	42,1	44,3	46,5	

Tabelle 9.

Schweiß-
Ergebnisse der Prüfung auf
(mit Bestimmung der

Nr. der Probe	Zustand der Probe	Ursprüngliche Abmessungen			Proportionalitätsgrenze		Elastizitätsmodul	Streckgrenze		Höhenverminderung					
		Höhe mm	Durchmesser mm	Gedrückte Fläche qmm	Belastung kg	Spannung kg/qmm		Belastung kg	Spannung kg/qmm	20	25	30	35	40	45
25	I Roh, trocken	50,0	30,0	707	11000	15,6	19800	19000	26,9	—	1,4	3,6	—	—	—
31	aufbewahrt	50,0	30,0	707	15000	21,2	19000	18000	25,5	0,6	2,0	4,4	7,5	11,4	15,8
	Summe ..	100,0	60,0	—	—	36,8	38800	—	52,4	0,6	3,4	8,0	7,5	11,4	15,8
	Mittel ...	50,0	30,0	—	—	18,4	19400	—	26,2	0,6	1,7	4,0	7,5	11,4	15,8
28	II Roh, im Freien	49,9	30,0	707	14000	19,8	17700	18000	25,5	0,6	1,8	4,4	7,2	11,4	15,5
34	aufbewahrt	49,9	30,0	707	11000	15,6	18300	17000	24,0	0,5	2,0	4,4	8,0	12,1	17,1
	Summe ..	99,8	60,0	—	—	35,4	36000	—	49,5	1,1	3,8	8,8	15,2	23,5	32,6
	Mittel ...	49,9	30,0	—	—	17,7	18000	—	24,8	0,6	1,9	4,4	7,6	11,8	16,3
23	III Verzinkt, trocken	50,1	29,9	702	13000	18,5	17800	17000	24,2	0,5	1,8	4,0	7,4	11,2	16,5
29	aufbewahrt	50,2	30,0	707	12000	17,0	18300	16000	22,6	0,9	2,5	4,8	8,7	12,8	18,3
	Summe ..	100,3	59,9	—	—	35,5	36100	—	46,8	1,4	4,3	8,8	16,1	24,0	34,8
	Mittel . .	50,2	30,0	—	—	17,8	18100	—	23,4	0,7	2,2	4,4	8,1	12,0	17,4
24	IV Verzinkt, im Freien	49,9	30,0	707	11000	15,6	18300	16000	22,6	0,6	2,1	4,4	8,0	12,0	16,3
30	aufbewahrt	49,9	30,0	707	10000	14,1	18300	16000	22,6	1,0	2,6	5,0	8,2	12,4	17,0
	Summe ..	99,8	60,0	—	—	29,7	36600	—	45,2	1,6	4,7	9,4	16,2	24,4	33,3
	Mittel ...	49,9	30,0	—	—	14,9	18300	—	22,6	0,8	2,4	4,7	8,1	12,2	16,7
26	V Unmittelbar vor	50,1	30,1	707	13000	18,4	17700	18000	25,5	—	1,9	4,1	7,4	11,3	16,2
32	dem Versuch gebeizt	49,9	29,9	702	12000	17,1	18500	18000	25,6	0,4	1,8	4,2	7,2	9,0	15,4
	Summe ..	100,0	60,0	—	—	35,5	36200	—	51,1	0,4	3,7	8,3	14,6	20,3	31,6
	Mittel ...	50,0	30,0	—	—	17,8	18100	—	25,5	0,4	1,9	4,2	7,3	10,2	15,8
27	VI Gebeizt, trocken	50,0	30,0	707	13000	18,4	16000	17000	24,0	0,7	2,0	4,5	7,8	11,6	16,0
33	aufbewahrt	50,0	29,9	702	13000	18,5	17600	18000	25,6	0,8	2,2	4,4	7,5	11,2	15,5
	Summe ..	100,0	59,9	—	—	36,9	33600	—	49,6	1,5	4,2	8,9	15,3	22,8	31,5
	Mittel ...	50,0	30,0	—	—	18,5	16800	—	24,8	0,8	2,1	4,5	7,7	11,4	15,8

Tabelle 9.

e i s e n.
Druckfestigkeit und Elastizität
Proportionalitätsgrenze).

in % der ursprünglichen Höhe bei den Belastungen in t														Bemerkungen.
50	55	60	65	70	75	80	85	90	95	100	105	110	115	
—	—	—	—	—	43,6	—	—	—	—	—	—	—	—	Bei 75 t Schweißfugen klaffen.
20,4	25,4	—	—	—	—	—	—	—	—	—	—	—	—	Bei 30 t wird der Körper faltig, bei 60 t schief.
20,4	25,4	—	—	—	43,6	—	—	—	—	—	—	—	—	
20,4	25,4	—	—	—	43,6	—	—	—	—	—	—	—	—	
20,5	26,1	35,1	—	—	—	—	—	—	—	—	—	—	—	Bei 45 t wird der Körper schief.
22,3	28,5	—	—	—	—	—	—	—	—	—	—	—	—	Bei 20 t zeigt der Körper Längsrisse, bei 50 t wird derselbe schief.
42,8	54,6	35,1	—	—	—	—	—	—	—	—	—	—	—	
21,4	27,3	35,1	—	—	—	—	—	—	—	—	—	—	—	
20,9	25,6	30,7	35,3	40,8	44,5	48,1	—	—	—	—	—	—	—	Bei 50 t zeigt der Körper Längsrisse, bei 70 t berstet derselbe.
24,9	31,3	38,3	41,8	44,8	—	—	—	—	—	—	—	—	—	Dsgl.
45,8	56,9	69,0	77,1	85,6	44,5	48,1	—	—	—	—	—	—	—	
22,9	28,5	34,5	38,6	42,8	44,5	48,1	—	—	—	—	—	—	—	
21,1	25,7	30,1	36,0	41,1	46,9	—	—	—	—	—	—	—	—	Bei 40 t blättert die Zinkhaut ab, bei 65 t zeigt der Körper Längsrisse.
22,2	28,8	37,1	—	—	—	—	—	—	—	—	—	—	—	Bei 40 t blättert die Zinkhaut ab, bei 45 t wird der Körper schief.
43,3	54,5	67,2	36,0	41,1	46,9	—	—	—	—	—	—	—	—	
21,7	27,3	33,6	36,0	41,1	46,9	—	—	—	—	—	—	—	—	
20,6	25,6	30,3	34,9	39,5	43,9	—	—	—	—	—	—	—	—	Bei 60 t Längsriß, bei 70 t wird der Körper schief und berstet.
19,5	24,9	29,8	36,6	—	—	—	—	—	—	—	—	—	—	Bei 45 t wird der Körper schief, bei 55 t zeigt er Längsrisse und berstet bei 65 t.
40,1	50,5	60,1	71,5	39,5	43,9	—	—	—	—	—	—	—	—	
20,1	25,3	30,1	35,8	39,5	43,9	—	—	—	—	—	—	—	—	
20,8	25,5	29,8	34,6	38,7	43,2	46,6	49,4	—	—	—	—	—	—	Bei 75 t berstet der Körper.
20,0	24,6	29,4	34,0	38,6	43,4	46,6	49,0	51,6	—	—	—	—	—	Bei 65 t zeigt der Körper einen kurzen Längsriß und berstet bei 70 t.
40,8	50,1	59,2	68,6	77,3	86,6	93,2	98,4	51,6	—	—	—	—	—	
20,4	25,1	29,6	34,3	38,7	43,3	46,6	49,2	51,6	—	—	—	—	—	

Tabelle 10.

Fluß-
Ergebnisse der Prüfung auf
(mit Bestimmung der

Nr. der Probe	Zustand der Probe	Ursprüngliche Abmessungen			Proportionalitätsgrenze		Elastizitäts-Modul	Streckgrenze		Höhenverminderung					
		Höhe mm	Durchmesser mm	Gedrückte Fläche qmm	Belastung kg	Spannung $\frac{kg}{qmm}$		Belastung kg	Spannung $\frac{kg}{qmm}$	20	25	30	35	40	45
85	I Roh, trocken aufbewahrt	50,0	30,1	712	15000	21,1	20500	20000	28,1	—	—	4,9	—	10,2	—
91		50,0	30,1	712	18000	25,3	18900	20000	28,1	—	—	5,0	—	10,2	—
	Summe...	100,0	60,2	—	—	46,4	39400	—	56,2	—	—	9,9	—	20,4	—
	Mittel...	50,0	30,1	—	—	23,2	19700	—	28,1	—	—	5,0	—	10,2	—
88	II Roh, im Freien aufbewahrt.	50,0	30,1	712	14000	19,7	20500	20000	28,1	—	2,8	5,0	7,4	10,2	13,5
94		50,0	30,2	716	16000	22,3	18900	20000	27,9	—	2,9	4,8	7,4	10,0	13,2
	Summe...	100,0	60,3	—	—	42,0	39400	—	56,0	—	5,7	9,8	14,8	20,2	26,7
	Mittel...	50,0	30,2	—	—	21,0	19700	—	28,0	—	2,9	4,9	7,4	10,1	13,4
89	III Verzinkt, trocken aufbewahrt.	50,1	30,1	712	16000	22,5	17100	19000	26,7	—	3,0	5,0	7,5	10,3	13,7
95		50,1	30,1	712	17000	23,9	18900	20000	28,1	—	2,7	4,7	7,0	10,0	13,4
	Summe...	100,2	60,2	—	—	46,4	36000	—	54,8	—	5,7	9,7	14,5	20,3	27,1
	Mittel...	50,1	30,1	—	—	23,2	18000	—	27,4	—	2,9	4,9	7,3	10,2	13,6
90	IV Verzinkt, im Freien aufbewahrt.	50,1	30,1	712	18000	25,3	21400	19000	26,7	—	3,0	4,9	7,6	10,5	13,8
96		50,0	30,1	712	18000	25,3	20500	21000	29,15	—	2,6	4,7	7,2	10,0	13,2
	Summe...	100,1	60,2	—	—	50,6	41900	—	55,85	—	5,6	9,6	14,8	20,5	27,0
	Mittel...	50,1	30,1	—	—	25,3	21000	—	27,9	—	2,8	4,8	7,4	10,3	13,5
86	V Unmittelbar vor dem Versuch gebeizt.	50,0	30,1	712	16000	22,5	19700	20000	28,1	—	2,8	5,0	7,4	10,1	13,7
92		50,0	30,1	712	17000	23,9	18900	21000	29,5	—	2,4	4,7	7,0	10,0	13,3
	Summe...	100,0	60,2	—	—	46,4	38600	—	57,6	—	5,2	9,7	14,4	20,1	27,0
	Mittel...	50,0	30,1	—	—	23,2	19300	—	28,8	—	2,6	4,9	7,2	10,1	13,5
87	VI Gebeizt, trocken aufbewahrt.	49,9	30,0	707	13000	18,4	19000	21000	29,7	—	2,5	4,8	7,2	10,0	13,2
93		50,0	30,1	712	16000	22,5	18900	20000	28,1	—	3,2	5,2	7,4	10,5	13,7
	Summe...	99,9	60,1	—	—	40,9	37900	—	57,8	—	5,7	10,0	14,6	20,5	26,9
	Mittel...	50,0	30,1	—	—	20,5	19000	—	28,9	—	2,9	5,0	7,3	10,3	13,5

Tabelle 10.

eisen.
Druckfestigkeit und Elastizität
Proportionalitätsgrenze).

in % der ursprünglichen Höhe bei den Belastungen in t														Bemerkungen
50	55	60	65	70	75	80	85	90	95	100	105	110	115	
16,9	—	24,4	—	31,8	—	38,3	—	—	—	—	—	—	—	Bei 99,95 t Körper herausgenommen.
17,3	—	25,0	—	32,0	—	39,0	—	44,0	—	48,0	—	—	—	
34,2	—	49,4	—	63,8	—	77,3	—	44,0	—	48,0	—	—	—	
17,1	—	24,7	—	31,9	—	38,7	—	44,0	—	48,0	—	—	—	
17,0	21,0	24,8	29,0	32,5	36,0	—	—	—	—	—	—	—	—	
16,9	20,8	24,9	29,0	32,8	36,0	—	—	—	—	—	—	—	—	
33,9	41,8	49,7	58,0	65,3	72,0	—	—	—	—	—	—	—	—	
17,0	20,9	24,9	29,0	32,7	36,0	—	—	—	—	—	—	—	—	
17,2	21,1	25,0	28,4	32,2	35,8	38,9	41,7	44,2	—	—	—	—	—	Bei 30 t blättert die Zinkhaut ab.
17,0	20,8	25,0	30,5	30,6	31,0	37,4	40,9	43,6	46,1	48,5	—	—	—	Bei 40 t blättert die Zinkhaut ab.
34,2	41,9	50,0	58,9	62,8	66,8	76,3	82,6	87,8	46,1	48,5	—	—	—	
17,1	21,0	25,0	29,5	31,4	33,4	38,2	41,3	43,9	46,1	48,5	—	—	—	
17,4	21,4	25,0	28,7	32,3	—	—	—	—	—	—	—	—	—	Bei 25 t blättert die Zinkhaut ab, bei 65 t wird der Körper schief.
16,9	20,7	24,6	28,3	31,8	—	—	—	—	—	—	—	—	—	Dsgl.
34,3	42,1	49,6	57,0	64,1	—	—	—	—	—	—	—	—	—	
17,2	21,1	24,8	28,5	32,1	—	—	—	—	—	—	—	—	—	
17,0	21,0	24,8	28,7	32,2	—	—	—	—	—	—	—	—	—	Bei 60 t wird der Körper schief.
17,7	20,8	24,6	28,6	31,8	35,2	38,0	41,0	—	—	—	—	—	—	
34,7	41,8	49,4	57,3	64,0	35,2	38,0	41,0	—	—	—	—	—	—	
17,4	20,9	24,7	28,7	32,0	35,2	38,0	41,0	—	—	—	—	—	—	
17,0	20,8	25,2	28,8	32,7	36,4	39,5	42,3	44,9	47,3	49,2	—	—	—	
17,5	21,1	25,1	29,2	32,7	36,2	39,3	42,3	44,7	47,2	48,9	—	—	—	
34,5	41,9	50,3	58,0	65,4	72,6	78,8	84,6	89,6	94,5	98,1	—	—	—	
17,3	21,0	25,2	29,0	32,7	36,3	39,4	42,3	44,8	47,3	49,1	—	—	—	

Tabelle 11.

Ergebnisse der
A. Schweiß
Schlagarbeit pro Schlag 56,7 mkg (Bär

Zustand der Probe	Nr. der Probe	Abmessungen		Höhenverminderung in % der						
		Höhe mm	Durchmesser mm	1	2	3	4	5	6	7
I Roh, trocken aufbewahrt	19	30,0	30,1	3,7	(7,3)	(10,0)	(12,7)	(15,7)	(18,0)	(19,7)
	37	30,0	30,1	2,7	6,0	9,0	11,7	14,0	16,3	18,3
	43	30,2	30,2	4,3	7,9	10,9	13,9	16,2	18,5	(20,5)
	Summe	90,2	90,4	10,7	13,9	19,9	25,6	30,2	34,8	[18,3]
	Mittel	30,1	30,1	3,6	7,0	10,0	12,8	15,1	17,4	[18,3]
II Roh, im Freien aufbewahrt	22	30,2	30,2	3,6	7,0	9,9	12,6	14,9	17,2	(19,2)
	40	30,2	30,1	3,6	7,3	10,6	13,2	15,6	17,9	19,9
	46	30,2	30,2	3,6	7,6	10,6	13,2	15,6	17,9	20,2
	Summe	90,6	90,5	10,8	21,9	31,1	39,0	46,1	53,0	40,1
	Mittel	30,2	30,2	3,6	7,3	10,4	13,0	15,4	17,7	20,1
III Verzinkt, trocken aufbewahrt	35	30,1	30,1	3,3	6,6	9,3	12,3	14,6	16,6	18,6
	41	30,2	30,2	3,6	7,2	9,6	12,5	14,9	17,2	18,9
	47	30,2	30,1	3,6	7,3	9,9	12,9	(15,2)	—	—
	Summe	90,5	90,4	10,5	21,1	28,8	37,7	29,5	33,8	37,5
	Mittel	30,2	30,1	3,5	7,0	9,6	12,6	14,8	16,9	18,8
IV Verzinkt, im Freien aufbewahrt	36	30,2	30,1	3,3	6,6	9,6	12,2	14,6	16,9	18,9
	42	30,2	30,1	3,3	6,6	9,3	12,6	14,9	16,9	18,9
	48	30,1	30,1	3,0	6,3	9,6	13,0	15,6	17,9	20,3
	Summe	90,5	90,3	9,6	19,5	28,5	37,8	45,1	51,7	58,1
	Mittel	30,2	30,1	3,2	6,5	9,5	12,6	15,0	17,2	19,4
V Unmittelbar vor dem Versuch gebeizt	20	30,2	30,1	4,3	7,9	11,3	13,9	16,2	18,5	20,5
	38	30,2	30,1	4,0	7,6	10,6	13,2	15,6	17,9	19,9
	44	30,2	30,1	4,3	7,9	10,9	13,6	16,2	18,2	20,5
	Summe	90,6	90,3	12,6	23,4	32,8	40,7	48,0	54,6	60,9
	Mittel	30,2	30,1	4,2	7,8	10,9	13,6	16,0	18,2	20,3
VI Gebeizt und trocken aufbewahrt	21	30,2	30,1	4,0	7,3	10,3	13,2	15,6	17,9	19,9
	39	30,2	30,1	4,0	6,6	9,6	12,6	14,9	17,2	19,2
	45	30,2	30,1	4,0	7,2	10,3	13,2	15,6	17,9	19,9
	Summe	90,6	90,3	12,0	21,1	30,2	39,0	46,1	53,0	59,0
	Mittel	30,2	30,1	4,0	7,0	10,1	13,0	15,4	17,7	19,7

Stauchversuche.

eisen.
gewicht = 56,7 kg; Fallhöhe = 1 m).

Tabelle 11.

ursprünglichen Höhe nach dem Schlag

8	9	10	11	12	13	14	Bemerkungen
(21,7)	(23,3)	(25,0)	(26,7)	(28,0)	(29,3)	(30,7)	Bei Schlag 2 Längsriß; bei Schlag 13 erweitert sich der Riß.
20,3	(22,0)	(23,3)	(25,3)	—	—	—	Bei Schlag 2 Längsriß; bei Schlag 6 Querriß.
—	—	—	—	—	—	—	Bei Schlag 2 Risse in der Längs- wie in der Querrichtung bei Schlag 5 vergrößern sich die Risse.
[20,3]	—	—	—	—	—	—	
[20,3]	—	—	—	—	—	—	
(20,9)	(22,5)	(24,2)	(25,8)	(27,2)	—	—	Bei Schlag 2 Längsrisse.
21,5	23,5	25,2	(26,5)	(27,8)	(29,1)	(30,8)	Bei Schlag 2 Längsrisse.
21,9	23,5	25,2	(26,8)	(27,8)	(29,5)	(30,8)	Bei Schlag 2 Längsrisse.
43,4	47,0	50,4	—	—	—	—	
21,7	23,5	25,2	—	—	—	—	
(20,6)	(22,3)	(24,3)	—	—	—	—	Bei Schlag 7 Längsrisse.
21,2	(23,2)	(24,8)	(26,5)	(28,1)	—	—	Bei Schlag 8 Längsrisse.
—	—	—	—	—	—	—	
21,2	—	—	—	—	—	—	
21,2	—	—	—	—	—	—	
20,9	22,5	24,2	26,2	27,5	29,1	(30,5)	Bei Schlag 4 Längsrisse.
21,2	23,5	24,5	26,5	(27,8)	—	—	Bei Schlag 4 Längsrisse.
21,6	23,3	25,2	(27,2)	—	—	—	
63,7	69,3	73,9	52,7	27,5	29,1	—	
21,2	23,1	24,6	26,4	27,5	29,1	—	
22,2	22,8	25,8	27,5	28,8	30,5	31,5	Nach dem Schlage 28 Höhenverminderung = 44,4%.
21,9	23,8	25,5	27,2	28,5	29,8	31,2	Nach dem Schlage 28 Höhenverminderung = 44,0%.
22,2	23,8	25,8	27,5	28,8	30,5	31,5	Nach dem Schlage 28 Höhenverminderung = 44,0%.
66,3	70,4	77,1	82,2	86,1	90,8	94,2	
22,1	23,5	25,7	27,4	28,7	30,3	31,4	
21,9	23,8	25,5	27,2	(28,5)	(29,8)	—	
21,2	23,2	24,5	26,2	27,8	(29,1)	(30,5)	
21,9	23,8	25,5	26,5	28,1	29,5	—	Bei Schlag 6 Längsrisse.
65,0	70,8	75,5	80,2	55,9	29,5	—	
21,7	23,6	25,2	26,7	28,0	29,5	—	

Tabelle 12.

Ergebnisse der
B. Fluß
Schlagarbeit pro Schlag 56,7 mkg (Bär

Zustand der Probe	Nr. der Probe	Abmessungen		Höhenverminderung in % der						
		Höhe mm	Durchmesser mm	1	2	3	4	5	6	7
I Roh, trocken aufbewahrt.	67	30,2	30,0	4,6	8,3	11,3	13,9	16,2	(18,5)	(20,2)
	73	30,2	30,2	4,6	8,6	11,3	(13,9)	(16,2)	(17,9)	(19,2)
	79	30,2	30,1	4,6	8,3	11,3	13,9	16,6	(18,5)	(20,5)
	Summe	90,6	90,3	13,8	25,2	33,9	27,8	32,8	—	—
	Mittel	30,2	30,1	4,6	8,4	11,3	13,9	16,4	—	—
II Roh, im Freien aufbewahrt.	70	30,1	30,1	3,7	7,6	10,3	13,0	15,3	17,3	19,3
	76	30,1	30,1	3,3	7,0	10,3	13,0	15,3	17,3	19,3
	82	30,1	30,1	4,3	8,0	10,3	13,0	15,3	17,3	19,6
	Summe	90,3	90,3	11,3	22,6	30,9	39,0	45,9	51,9	58,2
	Mittel	30,1	30,1	3,8	7,5	10,3	13,0	15,3	17,3	19,4
III Verzinkt, trocken aufbewahrt.	71	30,2	30,1	4,3	7,9	10,6	13,6	15,9	17,9	19,5
	77	30,1	30,1	4,0	7,6	10,6	13,6	15,6	17,6	19,3
	83	30,1	30,0	4,0	7,6	10,6	13,6	15,6	17,6	19,6
	Summe	90,4	90,2	12,3	23,1	31,8	40,8	47,1	53,1	58,4
	Mittel	30,1	30,1	4,1	7,7	10,6	13,6	15,7	17,7	19,5
IV Verzinkt, im Freien aufbewahrt.	72	30,2	30,1	4,3	8,0	10,9	13,9	15,6	17,5	19,5
	78	30,2	30,1	4,3	8,0	10,9	13,9	15,6	17,5	19,5
	84	30,2	30,1	4,6	8,0	10,9	13,9	15,6	17,5	19,5
	Summe	90,6	90,3	13,2	24,0	32,7	41,7	46,8	52,5	58,5
	Mittel	30,2	30,1	4,4	8,0	10,9	13,9	15,6	17,5	19,5
V Unmittelbar vor dem Versuch gebeizt.	68	30,1	30,2	4,3	8,3	11,3	14,0	16,3	18,3	20,3
	74	30,1	30,1	4,7	8,3	11,3	14,0	16,3	18,3	20,6
	80	30,1	30,1	4,7	(8,3)	(11,6)	(14,3)	(16,6)	(18,9)	(20,6)
	Summe	90,3	90,4	13,7	16,6	22,6	28,0	32,6	36,6	40,9
	Mittel	30,1	30,1	4,6	8,3	11,3	14,0	16,3	18,3	20,5
VI Gebeizt, trocken aufbewahrt.	51	30,1	30,1	4,7	8,0	11,0	13,6	15,9	17,9	19,9
	75	30,1	30,0	4,7	8,0	11,0	13,6	15,9	17,9	19,9
	81	30,2	30,0	5,0	8,3	11,3	13,9	16,2	18,2	20,2
	Summe	90,4	90,1	14,4	24,3	33,3	41,1	48,0	54,0	60,0
	Mittel	30,1	30,0	4,8	8,1	11,1	13,7	16,0	18,0	20,0

Charlottenburg, den 21. Januar 1890.

Tabelle 12.

Stauchversuche.
eisen.
gewicht = 56,7 kg; Fallhöhe = 1 m).

ursprünglichen Höhe nach dem Schlag							Bemerkungen
8	9	10	11	12	13	14	
(22,2)	(23,5)	—	—	—	—	—	
(20,9)	(22,5)	(23,8)	(25,2)	(26,5)	(27,5)	—	
(22,2)	(23,8)	(25,2)	(27,2)	(28,5)	(29,8)	(31,1)	
—	—	—	—	—	—	—	
—	—	—	—	—	—	—	
(21,3)	(22,9)	(24,6)	(25,9)	(27,2)	(28,6)	—	
21,3	22,9	24,3	25,6	(26,9)	(28,6)	(29,2)	
(21,3)	(22,9)	(24,6)	—	—	—	—	
21,3	22,9	24,3	25,6	—	—	—	
21,3	22,9	24,3	25,6	—	—	—	
21,5	22,8	(24,2)	(25,2)	(26,5)	—	—	
21,3	22,9	23,9	24,6	25,9	27,2	(28,9)	
21,6	22,9	24,3	25,6	26,6	27,6	—	
64,4	68,6	48,2	50,2	52,5	54,8		
21,5	22,9	24,1	25,1	26,3	27,4	—	
21,5	23,2	24,8	26,2	27,2	(28,8)	(29,8)	
21,5	23,2	24,8	26,5	27,2	28,8	30,1	
21,9	23,2	24,8	26,5	27,5	(28,5)	—	
64,9	69,6	74,4	79,2	81,9	28,8	30,1	
21,6	23,2	24,8	26,4	27,3	28,8	30,1	
21,9	23,6	24,9	26,6	27,9	29,2	30,2	Nach Schlag 32 Höhenverminderung = 43,3%.
22,3	23,9	25,6	26,9	28,6	29,6	30,9	Nach Schlag 32 Höhenverminderung = 44,5%.
(22,6)	(24,3)	(25,9)	(27,2)	(28,6)	(29,9)	(31,2)	Nach Schlag 32 Höhenverminderung = 44,5%.
44,2	47,5	50,5	53,5	56,5	58,8	61,1	
22,1	23,8	25,3	26,8	28,3	29,4	30,6	
21,6	23,3	24,6	25,9	27,2	28,6	(29,9)	
21,6	23,3	24,6	26,2	27,6	28,9	(30,2)	
21,8	(23,5)	(25,2)	(26,5)	—	—	—	
65,0	46,6	49,2	52,1	54,8	57,5	—	
21,7	23,3	24,6	26,1	27,4	28,8		

Königliche mechanisch-technische Versuchs-Anstalt. gez. A. Martens.

34 Beizbrüchigkeit des Eisens.

An-

Zur Erweiterung der Untersuchung auf Biegungsfestigkeit wurden der Versuchs-Anstalt am 24. October 1888 drei sucht und haben die nachstehend

Ergebnisse der

Stützweite = 1 m.

Versuchs-Nr.	Zustand des Materials	Abmessungen			Zunahme der Durchbiegungen in 0,5 mm bei der Belastungssteigerung auf t.										
		Breite mm	Höhe mm	W	1,0	1,5	2,0	2,5	3,0	3,5	4,0	4,5	5,0	5,5	6,0
1	roh	47,9	47,9	18317	2,24	2,23	2,12	2,12	2,18	2,16	2,05	2,17	2,10	2,07	2,25
5		48,1	48,1	18547	2,19	2,18	2,08	2,04	2,13	2,08	2,24	2,15	2,06	2,16	2,19
9		47,9	47,9	18317	2,27	2,15	2,18	2,23	2,13	2,05	2,17	2,16	2,20	2,10	2,28
			Summe ..		6,70	6,56	6,38	6,39	6,44	6,29	6,46	6,48	6,36	6,33	6,72
			Mittel ...		2,23	2,19	2,13	2,13	2,15	2,10	2,15	2,16	2,12	2,11	2,24
3	gebeizt	48,0	48,0	18432	2,20	2,21	2,16	2,08	2,21	2,09	2,25	2,21	2,11	2,11	2,22
7		48,0	48,0	18432	2,24	2,13	2,14	2,20	2,10	2,11	2,19	2,15	2,24	2,11	2,29
11		47,9	47,8	18240	2,19	2,14	2,19	2,19	2,24	2,09	2,24	2,14	2,26	2,17	2,26
			Summe ..		6,63	6,48	6,49	6,47	6,55	6,29	6,68	6,50	6,61	6,39	6,77
			Mittel ...		2,21	2,16	2,16	2,16	2,18	2,10	2,23	2,17	2,20	2,13	2,26

Tabelle 14.

Stützweite = 600 mm.

Ergebnisse der Schlag-

Versuchs-Nr.	Zustand des Materials	Abmessungen			Gesammtdurchbiegungen in mm nach den einzelnen								
		Breite mm	Höhe mm	W	55,4			110,8					
					1	2	3	4	5	6	7	8	9
2	roh	48,3	48,1	18621	0,7	1,2	1,5	4,5	6,8	8,9	10,8	12,3	13,8
6		48,1	48,1	18548	0,7	1,0	1,2	3,7	6,3	8,5	10,4	11,6	13,2
10		48,4	48,2	18740	0,3	0,7	1,0	3,8	6,0	7,9	9,6	11,1	12,3
			Summe ..		1,7	2,9	3,7	12,0	19,1	25,3	30,8	35,0	39,3
			Mittel ...		0,6	1,0	1,2	4,0	6,4	8,4	10,3	11,7	13,1
4	gebeizt	48,0	48,1	18509	Bruch	—	—	—	—	—	—	—	—
8		48,0	48,0	18432	0,5	0,8	1,2	4,2	6,7	8,7	10,6	12,0	13,3
12		48,1	48,0	18470	0,4	0,8	1,1	4,1	6,5	8,6	10,4	11,9	13,4
			Summe ..		0,9	1,6	2,3	8,3	13,2	17,3	21,0	23,9	26,7
			Mittel ...		0,5	0,8	1,2	4,2	6,6	8,7	10,5	12,0	13,4

Charlottenburg, den 4. März 1889.

Anhang.

Flußstahlstäbe eingereicht; dieselben sind in der Zeit vom 30. Januar bis 22. Februar 1889 unter A 1283 unterverzeichneten Ergebnisse geliefert.

Biegeversuche.

Tabelle 13.

Gesammtdurchbiegung*) in mm unter den Belastungen in t.					Bleibende Durchbiegung in mm nach					Proportionalitätsgrenze			Elastizitäts-Modul	Streckgrenze			Bruchgrenze	
										Gesammt-Belastung	Spez.	Durchbiegung in *)		Gesammt-Belastung	Spez.	Durchbiegung in *)	Gesammt	Spez.
1,0	2,0	3,0	4,0	5,0	1,0	2,0	3,0	4,0	5,0	kg	kg/qmm	mm		kg	kg/qmm	mm	kg	kg/qmm
1,60	3,77	5,90	8,00	10,20	0,01	−0,01	0,00	−0,03	0,05	6000	81,9	12,48	22800	7000	95,5	15,63	11250	153,5
1,64	3,75	5,90	8,06	10,15	0,05	0,05	0,06	0,03	0,08	6250	84,2	12,87	22700	7000	94,4	15,90	9750	131,4
1,63	3,80	5,98	8,12	10,33	0,02	0,01	0,02	0,02	0,05	5750	78,5	11,98	22800	7000	95,5	15,75	10500	143,3
4,87	11,32	17,78	24,18	30,68	0,08	0,05	0,08	0,02	0,18	—	244,6	37,33	68300	—	285,4	47,28	—	428,2
1,62	3,77	5,93	8,06	10,23	0,03	0,02	0,03	0,01	0,06	—	81,5	12,44	22800	—	95,1	15,76	—	142,7
1,58	3,77	5,92	8,13	10,25	0,05	0,03	0,04	0,08	0,13	6000	81,4	12,56	22500	7000	94,9	15,33	8250	111,9
1,63	3,77	5,94	8,09	10,30	—	0,04	—	0,08	—	6250	84,8	13,18	22300	7000	94,9	15,98	9400	127,5
1,58	3,75	5,98	8,15	10,37	—	0,00	—	0,02	—	6000	82,2	12,60	22800	7000	95,9	15,83	10300	141,1
4,79	11,29	17,84	24,37	30,92	0,05	0,07	0,04	0,18	0,13	—	243,4	38,34	67600	—	285,7	47,19	—	380,5
1,60	3,76	5,95	8,12	10,31	0,05	0,02	0,04	0,06	0,13	—	82,8	12,78	22500	—	95,2	15,73	—	126,8

*) Diese Werthe sind der Summe der „Zunahme der Durchbiegungen" gegenüber um so viel größer, als die Durchbiegung bei einer Belastungssteigerung von 250 auf 500 kg beträgt.

Biegeversuche.

Tabelle 14.

Bärgewicht = 55,4 kg.

Schlägen mit der Schlagarbeit in mkg								Gesammtschlagarbeit bis zum Bruch	Bemerkungen
138,5					166,2				
10	11	12	13	14	15	16	17	mkg	
16,1	18,2	20,1	21,9	23,5	25,8	Bruch	—	1689,7	Schlag 4 Prellschlag auf die vordere Fläche.
15,7	17,7	19,6	21,4	22,9	25,7	28,0	Bruch	1855,9	Schlag 8 Prellschlag auf die vordere obere Kante.
14,5	16,7	18,4	20,2	Bruch	—	—	—	1385,0	
46,3	52,6	58,1	63,5	46,4	51,5	28,0	—	4930,6	
15,4	17,5	19,4	21,2	23,2	25,8	28,0	—	1643,5	
—	—	—	—	—	—	—	—	55,4	
15,8	18,0	Bruch	—	—	—	—	—	1108,0	
15,8	18,0	19,9	21,8	23,3	Bruch	—	—	1523,5	
31,6	36,0	19,9	21,8	23,3	—	—	—	2686,9	
15,8	18,0	19,9	21,8	23,3	—	—	—	895,6	

Königliche mechanisch-technische Versuchs-Anstalt. gez. A. Martens.

Inhalts-Verzeichniß.

A. Bericht des Prof. A. Ledebur.

	Seite
Vorbemerkungen	1
Biegeversuche mit Trägern aus Schweißeisen	3
Biegeversuche mit Schienen aus Flußeisen	3
Zugversuche mit Rundstäben aus Schweiß- und Flußeisen	4
Zug- und Biegeversuche mit Eisen- und Stahldrähten	4
Druckversuche mit Schweiß- und Flußeisen	5
Stauchversuche mit Schweiß- und Flußeisen	7
Biegeversuche und Schlagbiegeversuche mit Flußstahlstäben	8
Schlußbemerkungen	9

B. Versuchsergebnisse.

Das Probenmaterial .... Seite 10—11.

    1. Schienen 10
    2. Träger 10
    3. Rundstangen 11
    4. Drähte 11

Zurichtung des Materiales .. Seite 11.

    1. Verzinkung der Proben 11
    2. Rosten derselben 11
    3. Beizen derselben 11

Ergebnisse der Untersuchungen Seite 12—33.

	Tab.	Seite
1. Biegeversuche mit Trägern und Schienen	1—2.	12
2. Zugversuche mit Rundstäben aus Schweiß- und Flußeisen	„ 3—4.	16
3. Zug- und Biegeversuche mit Eisen- und Stahldrähten	„ 5—6.	20
4. Druckversuche mit Schweiß- und Flußeisen	„ 7—10.	22
5. Stauchversuche mit Schweiß- und Flußeisen	„ 11—12.	30

Anhang . . . . Seite 34—35.

    Erweiterte Untersuchung auf Biegungsfestigkeit . . . . „ 13—14. 34

Von den im Anschluß an die „Mittheilungen" zur Ausgabe gelangenden

Ergänzungsheften

sind ferner erschienen:

1889.

Heft I. Resultate der Untersuchungen des in der Eifel vorkommenden vulkanischen Sandes in Bezug auf seine Verwendbarkeit zur Mörtelbereitung. Ausgeführt im Auftrage des Herrn Ministers für Handel und Gewerbe von Dr. Böhme, Vorsteher der Königlichen Prüfungs-Station für Baumaterialien. Mit 2 Tafeln. Preis M. 3.—.

Heft II. Untersuchungen von natürlichen Gesteinen auf Festigkeit, specifisches Gewicht, Härtegrad, Wasseraufnahme, Cohäsionsbeschaffenheit und Wetterbeständigkeit. Von Dr. Böhme, Vorsteher der Königlichen Prüfungs-Station für Baumaterialien. Mit einer Lichtdrucktafel. Preis M. 4,—.

Heft III. Bericht über die im Auftrage des Herrn Ministers für Landwirthschaft, Domänen und Forsten ausgeführten Holzuntersuchungen. Erstattet von M. Rudeloff, erster Assistent der mechanisch-technischen Versuchsanstalt. Mit 2 Tafeln. Preis M. 7,—.

Heft IV. Festigkeitsuntersuchungen mit Zinkblechen der schlesischen Aktien-Gesellschaft für Bergbau- und Zinkhüttenbetrieb zu Lipine O.-S. Von A. Martens. Mit 2 Tafeln. Preis. M. 4,—

Heft V. Schmierölunterschungen ausgeführt im Auftrage des Herrn Ministers für Handel und Gewerbe. Von A. Martens (Fortsetzung zum Ergänzungsheft III. 1888.) Mit einer Tafel. Preis M. 10,—.

MIX
Papier aus verantwortungsvollen Quellen
Paper from responsible sources
FSC® C105338

If you have any concerns about our products,
you can contact us on
ProductSafety@springernature.com

In case Publisher is established outside the EU,
the EU authorized representative is:
**Springer Nature Customer Service Center GmbH
Europaplatz 3, 69115 Heidelberg, Germany**

Printed by Libri Plureos GmbH
in Hamburg, Germany